Independent Tradition in British Psychoanalysis

英国精神分析独立学派

[英] Lesley Caldwell 著

王旭 译 / 王倩 审校

中国轻工业出版社

图书在版编目(CIP)数据

英国精神分析独立学派／（英）莱斯莉·考德威尔
（Lesley Caldwell）著；王旭译. —北京：中国轻工业
出版社，2022.3
书名原文：Independent Tradition in British Psychoanalysis
ISBN 978-7-5184-3415-2

Ⅰ.①英… Ⅱ.①莱…②王… Ⅲ.①精神分析-英国 Ⅳ.①B841

中国版本图书馆CIP数据核字（2021）第033184号

保留所有权利。非经中国轻工业出版社"万千心理"书面授权，任何人不得以任何方式（包括但不限于电子、机械、手工或其他尚未被发明或应用的技术手段）复印、拍照、扫描、录音、朗读、存储、发表本书中任何部分或本书全部内容。中国轻工业出版社"万千心理"未授权任何机构提供源自本书内容的电子文件阅览、收听或下载服务。如有此类非法行为，查实必究。

总 策 划：石　铁
策划编辑：戴　婕　　责任终审：腾炎福　　责任校对：万　众
责任编辑：戴　婕　　责任监印：刘志颖

出版发行：中国轻工业出版社（北京东长安街6号，邮编：100740）
印　　刷：三河市鑫金马印装有限公司
经　　销：各地新华书店
版　　次：2022年3月第1版第1次印刷
开　　本：710×1000　1/16　印张：10.75
字　　数：93千字
书　　号：ISBN 978-7-5184-3415-2　定价：48.00元
读者热线：010-65181109，65262933
发行电话：010-85119832　传真：010-85113293
网　　址：http://www.chlip.com.cn　http://www.wqedu.com
电子信箱：1012305542@qq.com
如发现图书残缺请拨打读者热线联系调换
190326Y2X101ZYW

推荐序

莱斯莉·考德威尔（Lesley Caldwell）是一位杰出的英国精神分析学家和教师，她关于唐纳德·W. 温尼科特（Donald W. Winnicott）的工作和思想所做的讲座能够用中文出版，我们感到非常高兴。现在，中国——这一当今全球范围内精神分析学者最活跃、最热情的地区，可以从考德威尔对温尼科特的思想与实践的论述中受益。

温尼科特（1896—1971）出生在英国德文郡的普利茅斯，来自一个兴旺的商人家庭。他的父亲在卫理公会主日学校任教，是卫理公会教会会员，并获得了爵位。温尼科特就读的学校是卫理公会寄宿学校以及剑桥大学。他曾在伦敦的帕丁顿格林儿童医院接受儿科医生的培训，并担任主治医生。他先在詹姆斯·斯特雷奇（James Strachey）那里，随后在琼·里维埃（Joan Riviere）那里接受分析。1935 年，他成为儿童分析师。后来，他曾两度当选为英国精神分析协会主席（1956—1959，1965—1968）。

温尼科特是"中间团体"——也被称为"独立学派"的发展的核心，这些英国精神分析协会的成员在 1942—1945 年间发生在伦敦的论战中并没有倾向于安娜·弗洛伊德（Anna Freud）或梅兰妮·克莱因（Melanie Klein）中的任何一方。中间团体的理论和临床实践广泛基于客体关系理念，意即婴儿是寻求客体的，并且婴儿和他所处环境的关系以及和环境挫折——尤其是在母亲和婴儿二元配对中的挫折感的关系，影响了人类内部世界的成长。成人与外部世界的关系是由幻想的内部客体或心理表征来控制的，这些客体或心理表征是对世界上的外在人物与关系的投射和内摄。

温尼科特给我们提供了一个精神生活概念的激进的新范式。西格蒙德·弗洛伊德（Sigmund Freud）的心灵模型是能量论的，力比多和攻击性的力量及冲突在生活和行动中被表达或被压抑，而温尼科特的模型运用了空间的范式。从婴儿期起，我们的生活就被融合与分离、亲密及距离的空间维度所塑造。温尼科特是儿童和成年人的敏锐观察者，提供了过渡空间的范式，它提升了人与人之间的空间的临床意义，空间的意义从母亲与儿童开始，并延伸到生活中。他看到婴儿使用过渡性客体，并将其视为第一次使用象征，以及第一次体验到想象游戏。儿童玩耍、幻想、在父母创造和守护的安全空间中施展创造性。这是玩耍的坐落之处，也是文化创造性的坐落之处。在这里，在"我"和"非我"之间的玩耍的过渡的地方，把"我"的延伸与"非我"区分开来，这是文化的起源。

温尼科特以一种真诚善良和宽容的态度安抚着父母。虽然所有的家长最初都希望把育儿工作做到完美，但是不可避免地，他们达不到自己关于优秀家长的理想。温尼科特介绍的标准并不是一个无可挑剔的理想家长，而是一个*足够好*的家长。这一"足够好"的类别适用于许多生活中无法达到完美而导致失败、内疚或抑郁感的场合。做到"足够好"，对于自体的大多数过分苛刻的要求而言已经足够了。这样的父母并不完美，但能通过提供可靠的环境来培育信任。

我们都要感谢莱斯莉·考德威尔，感谢她在本书中为我们提供了对唐纳德·温尼科特——现代精神分析理论和临床工作的伟大原创人物之一——的思想和实践的无比清晰、有效的阐述。

彼得·洛温伯格（Peter Loewenberg）

前 言

本书是我于 2016 年 10 月应王倩博士的邀请所做的一系列讲座的记录，作为她与伦敦大学伯克贝克学院的薇薇安·格林（Viviane Green）博士组织的颇具规模的中英项目的延伸。我受邀讲授三天的课程，向中国的心理治疗师介绍英国独立学派。讲座现场的参与者有 100 多位，在网上则有更多的观众。王倩博士的想法是，尽管当下在中国有各种各样关于西方精神分析的尝试，但是英国的一个主要精神分析学派在任何外教教学项目中都没有被涉及。我被邀请来填补这个空缺，这些讲座介绍的是，在英国精神分析协会（British Psychoanalytic Society，简称 BPAS）为了解决 1942—1944 年间的大论战而分裂成三个不同学派之后其中一个学派的历史与基本情况，它最初被称为中间团体。若干理论议题乃是 20 世纪 40 年代的大论战的讨论基础，但也对英国和其他地区精神分析发展有着持续的影响，不过，它之前的历史渊源也很重要。

梅兰妮·克莱因在欧洲的早期经历，以及她的分析师卡尔·亚伯拉罕（Karl Abraham）去世之后她在柏林遭受的知识排斥，导致欧内斯特·琼斯（Ernest Jones）邀请她前往伦敦。她于 1927 年加入英国精神分析协会，并在 1929 年成为培训委员会成员。她在英国得到的反响以及对她想法的兴趣混杂着接纳与质疑。后来，英国精神分析协会主席琼斯决定让弗洛伊德父女（以及其他的欧洲分析师）到英国伦敦躲避纳粹迫害。他这样做，就将前文所述的历史事件带到了伦敦，给精神分析的未来及其后继者带来了深远的影响。在弗洛伊德前往英国之前，维也纳一派和伦敦一派之间的分歧已日渐明显，涉及精神分析基本面的理论差异。20世纪30年代末期，在英国精神分析协会内部对弗洛伊德精神遗产的分歧日益加剧的情况下，精神分析理论的原理成为1942—1944年间英国精神分析协会召开的十次学术会议的基础，这些会议被称为大论战（Controversial Discussions）。

由于战争带来的具体经济问题，个人以及理论上对弗洛伊德遗产所有权的主张变得更加复杂。在伦敦，不仅可供分析的病人变少了，能见他们的分析师的数量也不够。考虑到这些因素，各方都强烈希望通过加入委员会来控制协会的行政程序。在不同的层面上都存在争议，不仅包括学术论证和辩论，人们还普遍认为需要重组组织程序（King & Steiner，1991）。在1942年的几次初步会议之后，五次特别的业务会议还有关于学术分歧的会议延伸到了1944年。这是一个长期的制度化的问题。

1939年爆发的战争笼罩在这些分歧之上，但从历史上看，大论战及其妥协的解决方案源自更早期的理论差异。例如，温尼科特在给凯特·弗里德兰德（Kate Friedlander）的一封信中陈述道："安娜·弗洛伊德和她的追随者们没有采纳内在世界的概念。这种表述事物的方法涉及内在世界的概念，它是位于个体潜意识幻想中的幻想，它与摄取、保留和排泄的经验有关。在我看来，在维也纳人的团体看待事情的过程中没有体现出这一部分的精神分析理论，我相信这一理论的特别部分会一次又一次地出现在讨论中，直到我们都能确切理解对方的立场为止"（1940年1月，唐纳德·温尼科特全集，第二卷）。

安娜·弗洛伊德的发展模型与克莱因的内在世界的模型不同，在安娜·弗洛伊德的模型中，潜意识的"位置"和幻想的结构不如发展或体质的遗传力量那么重要，这给英国精神分析协会带来了分裂，形成了理论与实践的不同学派，这至今仍然是精神分析的辩论领域，尽管1946年推出的三个学派的官方结构已在2006年解散了。

珀尔·金（Pearl King）和里卡尔多·斯坦纳（Riccardo Steiner，1991）编辑的《大论战，1941—1945》(*the Controversial Discussions*, *1941-1945*)的"前言"里，他们将这些重要的记录和论文置于克莱因思想及其与弗洛伊德的不同/相似之处的辩论中。他们还将这些关于理论和临床实践技术的讨论与英国精神分析协会及其后续发展的组织和权力因素联系起来，这清楚地呈现出行政权力和委员会职位对机构的组织动力带来的影响。例如，卡琳·斯蒂芬（Karin Stephen）关于培训的一封信里就涉及学术分歧对培训和选择分析师的影响。1943年9月—1944年3月，培训委员会确定了两个领域：总是重复地选出同一批人的不能令人满意的状况，以及需要研究培训分析的体系。这些讨论（1942年2月25日业务会议，1991年，第50页）与学术会议并行开展。

《大论战，1941—1945》有关学术争议、候选人培训、机构决策以及精神分析机构之间权力关系的文件为人们提供了非凡的资源，对于我们所有关心精神分析的未来及其历史渊源的人而言都是一份珍贵的学术贡献。

在大论战中最初的那个不依附于任何一方的中间团体，在20世纪60年代成为精神分析的独立学派。它包括那些既不依附梅兰妮·克莱因或安娜·弗洛伊德，也不依附两个培训路径，即A组或B组的分析师们。这两个培训路径是由三位女性——安娜·弗洛伊德、梅兰妮·克莱因和之后成为协会主席的西尔维亚·佩恩通过签署所谓的君子协议而达成一致的。中间团体包括战后第一代英国精神分析师中的一些主要人物：唐纳德·温尼科特、迈克尔（Michael）和伊妮德·巴林特（Enid Balint）、罗纳德·费尔贝恩（Ronald Fairbairn）、艾拉·夏普（Ella Sharpe）、西尔维亚·佩恩（Silvia Payne）、约翰·鲍尔比（John Bowlby）、查尔斯·瑞克罗夫（Charles Rycroft）、玛丽安·米尔纳（Marion Milner）以及珀尔·金，不过，虽然他们一贯坚持独立精神分析的理念，但这一理念并不局限于这一群体，其根源可能主要来自桑铎·费伦齐（Sandor Ferenczi）的传统。

虽然英国精神分析的侧重和方法被整个精神分析界所周知，但除了温尼科特、克莱因和比昂以外，英国精神分析研究的丰富领域尚没有得到广泛传播。而且，精神分析所落脚的每一个国家，都必然会发展出它自己特定的兴趣领域，并以自己的方式去处理学科中的核心议题。在这些动因中，每个国家及其分析师都必须发展出属于自己的工具，以借鉴众多欧洲先行者的历史传承，同时发展自己独特的重心和优先议题。

在这些介绍性讲座中，我试图简要介绍英国精神分析的早期历史，着重介绍那些发展出我们至今仍在应用的理论和方法的人物，还会介绍与临床实践有关的重要主题，并提供主要阅读材料的列表。但是，本书仅提供了独立取向的基础知识，无法全面公正地体现出这么多年来这个领域积累的临床和理论工作的庞大整体。不过，我希望这个介绍可以鼓励中国的同行和学员为自己寻找到通往更多杰出的独立学派作家和临床工作者的路径。

我要特别感谢美国洛杉矶的彼得·洛温伯格博士慷慨地为本书写了推荐序，这本书只能说为英国独立学派丰富的理论和实践内容开了个头。我还要感谢中英项目的教员和组织者，尤其是巴塞尔的迪特尔·布尔津（Dieter Burgen）教授，我和他密切合作，一起开展了一系列临床研讨会、面向许多中国学员和同行们的公开讲座以及王倩博士和她的同行组织的小型密集研讨会。教师们、心理治疗师们和学员们对这些活动投注的热情令北京的教学给我带来了非常丰富的、全然参与其中的体验，尽管我们需要克服语言、翻译、技术和文化差异等方面的障碍。

除了上述已经提到的人员，我还要感谢翻译王旭，以及使我在北京的经历如此富有成效的行政保障人员。

我希望这一系列介绍性的讲座可以为随后越来越深入的工作提供动力，

使其得到借鉴和拓展,并在适当的情况下使英国的独立传统适应我的中国同行和学员们的需求。

莱斯莉·考德威尔

2017 年 10 月于伦敦

目 录

第一部分　简介

第一章　哪些人属于独立学派？历史以及理念发展纲要 // 3

第二章　早期独立学派思想家：罗纳德·费尔贝恩，迈克尔·巴林特与唐纳德·温尼科特 // 11

第二部分　早期情感发展

第三章　过渡客体与过渡现象 // 23

第四章　环境 // 35

第五章　论独处 // 45

第六章　早期剥夺及其临床启示 // 53

第三部分　中间学派的解读

第七章　攻击性 // 65

第八章　梦、创造性与玩耍 // 77

第九章　反移情 // 85

第十章　独立取向关于"性欲"的看法 // 95

第十一章　设置 // 105

第十二章　倾听与解释 // 115

第十三章　会谈室内外的沟通 // 125

第四部分　家庭的心理—社会视角

第十四章　祖父母与扩展的环境 // 137

第十五章　育儿：一个代际视角 // 147

第一部分

简介

第一章

哪些人属于独立学派？历史以及理念发展纲要

一、独立学派起源的历史背景：大论战

英国精神分析的独立学派最初起源于一段特殊时期，那就是1941—1945年的论战时期，在那期间，英国精神分析协会的会员们就精神分析、它的目标和假设，以及在（分析）治疗的过程中如何操作、实现等问题展开了一系列的正式讨论。

这些事件随后被称为大论战（Controversial Discussion），梅兰妮·克莱因和她的同伴们提出的理论给精神分析及弗洛伊德带来了挑战。这些会议发生的时候，克莱因已经在伦敦居住多年。几乎可以肯定的是，安娜·弗洛伊德及其他维也纳的分析师为了躲避纳粹迫害而来到英国时，这样的不安和焦虑成了一系列争论的额外的催化剂。他们的到来和他们的精神分析立场进一步凸显出业已存在的分歧，并产生了更具体的问题，到了1940年被确认需要得到正式解决。

与大论战有关的较为广阔的精神分析历史中，需要了解的前期事件是，

克莱因早先在欧洲，尤其是在柏林遭到的冷遇。她随后决定移居伦敦，并于1927年成为英国精神分析协会的会员，1929年加入培训委员会。她在大不列颠既有很多对她的想法感兴趣的声音，也有很多批评的声音。

所以就算在弗洛伊德抵达之前，英国精神分析学会对于是否接受克莱因的理念也是有争议的。

英国精神分析协会的主席欧内斯特·琼斯决定帮助弗洛伊德和其他分析师从维也纳前往伦敦，而克莱因则希望他们去美国，这是有明确文字记载的。其实自从20世纪30年代起，维也纳和伦敦之间就开始出现了理论上的分歧，当安娜·弗洛伊德和她的同伴们真的出现在会议上的时候，他们对于基本层面的理论分歧则持续存在。西格蒙德·弗洛伊德去世之后，伴随着战争的大背景，一系列分歧展开并扩大了。

个人以及理论的冲突、对弗洛伊德遗产的继承和所有权的疑问，再加上财务问题和协会管理机构的条例而变得更加复杂。金和斯坦纳关于大论战的著作里不仅归纳了全部的分歧，还列出了相关的历史背景，令后人可以比当时的当事者更加全面深入地了解原本的情况。大论战留下了关于精神分析以及它的基础在理论和临床层面的焦点议题，在理论以及临床的维度上都可供讨论。

到了20世纪40年代早期，理论上的差异已经成为一系列学术会议上争议议题的基础；以下是梅兰妮·克莱因的资深支持者们所发表的正式论文的题目。

幻想的本质与功能。（Susan Isaacs）

早期发展中内射与投射角色的某些方面。（Paula Heimann）

论退行。（Paula Heimann and Susan Isaacs）

婴儿的情绪生活及自我的发展，尤其涉及抑郁心位。（Melanie Klein）

玛乔里·布莱尔利（Marjorie Brierly）、安娜·弗洛伊德、梅兰妮·克莱因、艾拉·夏普（Ella Sharpe）和西尔维亚·佩恩（Silvia Payne）贡献出了她们自己的技术以及广泛的精神分析技术。布莱尔利、夏普和佩恩随后成了中间学派的领导人物。

克莱因和她亲近的同伴们的正式论文基本上总结出了克莱因的理论取向，成为了之后讨论的基础。

最后，大论战形成了一个不稳定的协议作为收尾，三个群体都被协会正式认可，并且各自提供不同的培训路线。这三组为：克莱因组（A组），安娜·弗洛伊德组（B组），还有一群既不希望附属于A、也不希望附属于B的分析师形成的一组。最初他们被称为中间群体，后来成了独立学派。

二、理论议题：对婴儿期的强调

童年经历是理解成人和儿童的关键，这个信念已经被广泛地接受了。这尤其源自弗洛伊德及他对潜意识和婴儿性欲的论述。他对心理性欲的发展以及心理性欲在躯体—心智关联中的根源有兴趣，由于英国精神分析学派的工作和他们在婴儿及前俄狄浦斯期儿童上的投入，这一领域得到了很大的发展；而弗洛伊德的理论没有深入地阐述过这部分的内容。英国精神分析学派对婴儿感兴趣的一部分原因来自克莱因的理论和临床实践，但也是因为英国学派本身的传统（比如苏珊·艾萨克斯开办的非常前卫的学校），还因为精神分析在伦敦的发展方式。

弗洛伊德和随后的理论家都强调婴儿的心智生活是扎根在躯体当中的，成人和婴儿一样，他们的躯体和心智都是相互关联的，所以一个问题愈发明显，那就是如果心智的发展和躯体失去关联，那会怎么样？心智如何能脱离躯体发展？这会出现在什么时候？

当讨论到婴儿发展，以及在初始阶段，婴儿天生内在地具备什么的时候，他们的看法出现了重大的分歧。

这让我们要注意婴儿和婴儿期……

婴儿不能说话，但婴儿会被人提到，也会有人对婴儿说话。

婴儿期，从字面上来讲，指的是从孩子出生到他说出第一个词汇之间的时期。人们已经认识到这是心灵发展的关键时期。这方面的研究所探索的人类功能运作对精神分析以及如何进行分析性治疗非常重要。

婴儿有幻想吗？他们是怎么理解和觉察到自己的情感的？他们能够思考吗？如果可以，这样的发展过程又是如何以及在什么时候开展的呢？开始的时间点在哪里？这一系列的相关问题日渐重要，因为婴儿对他的心灵有什么样的理解、他们什么时候发展出对其他心灵的理解或认识，这是当代精神分析的焦点。所有的这些问题都涉及我们在每一天的临床实践中都会处理、使用到的"潜意识"这一概念，因此也涉及我们选择如何以及怎样去解释它。

弗洛伊德强调躯体对于获得人格的重要性，现在我们知道，躯体的感受从它的本质功能上来讲，启动了一个反映性的过程，迎来了人格主体性的诞生，这都是根植于身体当中的，并且和性欲、攻击性及早期心理生活关联到一起。

我们现在知道的另一件事情是，人类的认知、情绪和社会化能力在大脑结构的层面上有着错综复杂的关联（Luyten & Fonagy）。

唐纳德·温尼科特是独立学派的领军人物之一，约翰·鲍尔比也属于独立学派，他是依恋研究领域的重要人物（尽管温尼科特批评鲍尔比关于分离的影响的理论忽略了儿童"内在世界的体验"）。依恋研究聚焦于婴儿为了生理和心理的健康与发展而对母亲的基本依赖。

围绕着这一主题以及相关的临床实践，欧内斯特·琼斯、詹姆斯·斯特雷奇、罗纳德·费尔贝恩、哈里·冈特里普（Harry Guntrip）、唐纳德·温尼科特、爱丽丝（Alice）、伊妮德（Enid）、迈克尔·巴林特、保拉·海曼（Paula Heimann）、玛丽安·米尔纳、约翰·鲍尔比、玛殊·汗（Masud

Khan)、威廉·吉莱斯皮（William Gillespie）、珀尔·金和查尔斯·瑞克罗夫建构并进一步发展了费伦齐和弗洛伊德独特的精神分析贡献。

这些分析师共同塑造了一个学派，它的思想与克莱因群体和安娜·弗洛伊德的追随者们都不相同，不过从实践的层面来看，现在的当代弗洛伊德取向和独立学派之间的共同点愈发地多了起来。最近，约翰·克劳伯（John Klauber）、玛格丽特·托曼（Margaret Tonnesmann）、哈罗德·斯图尔特（Harold Stewart）、埃里克·雷纳（Eric Rayner）、克里斯托弗·博拉斯（Christopher Bollas）、格雷戈里奥·科亨（Gregorio Kohon）、帕特里克·凯斯门特（Patrick Casement）、迈克尔·帕森斯（Michael Parsons）、乔纳森·斯克拉（Jonathan Sklar）、罗杰·肯尼迪（Roger Kennedy）、肯尼斯·赖特（Kenneth Wright）以及其他人一起丰富了这一学派的精神分析思想和实践，为英国精神分析的独立传统带来了独特的品质。

三、独立学派的本质

独立学派格外感兴趣的议题包括反移情、自我与认同、情感、创造力、退行以及治疗关系的基础。其中大部分议题会在随后的章节里深入讨论。

独立，独立性

《牛津英语词典》里"独立"这个词的词条几乎都包含着否定的信息。

不依赖他人来形成意见、指导或行动；

不依赖其他人的权威；

不属于从属或服从的位置；

不用为了正确性、有效性或其他属性而依赖别的东西；

不依赖外在的控制或规则。

这一态势符合原来的中间群体在 20 世纪 40 年代中期创立时的基础，即主要被不是什么所定义，也就是说，不是克莱因的，也不是安娜·弗洛伊德的。

当讲到"独立精神分析"时，它并不是孤立自身、树立壁垒，或夹在中间无法决定的意思。实际上，它所具备的品性在《牛津英语词典》总结的最终论述里面体现了出来：

自我管理；自主；自由；为自己思考。

在格雷戈里奥·柯亨关于独立传统的著作里，他把包括独立学派在内的英国学派和客体关系取向联系到一起，他认为，虽然有许多不同的使用方法，但这一特定的客体关系的理论取向仍然位于核心位置。

客体关系标示出个体与他所处的世界的关系模式；这个关系是特定人格组织、对某种幻想中的客体的认识，以及特定类型的防御加在一起所产生的完整而复杂的结果（Laplanche & Pontalis，1976）。

它不仅包括与他人、家长、家庭友人等真正、现实的决定了主体的个人生活的关系，还包括主体对他与他的内在、外在客体的关系的独特体会，总是包含着与这些客体的潜意识关系（Kohon，p.20）。

这个取向假设，在会谈室之内和之外的环境，以及环境在婴儿早期生活中和在被分析者生活中的位置有着非常重要的意义；这也影响到如何理解会谈室内的关系，影响采取哪种技术，以及解释和相互性的关联。它们是我们对于在分析中正在发生着什么的理解的一部分，还包括我们决定如何加以处理。

最近，一位同行玛丽安·帕森斯说，"如果我们要用一个词汇总结独立学派的观点，'平衡'会是一个好选择"（Parsons，2014）。这指的是在以下事项之间的平衡。

1. 环境对发展的影响和内在世界对发展的影响。

2. 客体关系和驱力同等重要。
3. 病理与健康之间的平衡（包括对核心术语比如自恋和攻击性的平衡的观点，视它们为潜在的健康的，而也可能是潜在的病理性的）。
4. 分析师和病人之间的平衡，即在分析师和病人之间存在着相互性，病人在学习理解他/她自己、构造他/她自己的解释方面是个主动的参与者。
5. 英国其他主流精神分析学派的不同理念和取向之间的平衡——克莱因学派和当代弗洛伊德取向。

埃里克·雷纳在他关于独立学派的书里刻画出若干种思考这一群分析师的有趣方式。他提议说，"有些人明显靠近克莱因学派，有些人倾向于接近当代弗洛伊德取向，但是大部分人的理念来自两边；而且也许全都跟随着原本英国精神分析协会的先辈们的足迹，更不用说其他的理论家了。要记住，英国有着漫长的理性的传统——也许有五百年那么久了——混合了政治自由主义和经验主义哲学，这都和科学思维有明显的联系。早期的英国分析师继承了这一传统，独立学派也在发扬这一点。"（Rayner，1990）

应该是威廉·吉莱斯皮最先着手定义独立学派的观点，"独立学派在理论和技术方面有着许多不同的意见，但他们共享着一个相同的基本态度。这就是根据适用性和真实的价值去评估、尊重那些理念——而不去管它们来自哪里。在这里，积极地进行质疑，并且享受其中是关键。独立传统的精神不认可意识形态的正确性。"正是这种态度不断支持着独立学派走到今天。

从这个角度讲，独立传统学派秉承了英国客体关系理论的思想，是英国精神分析协会三个不同群体中的一个。

它理论结构的核心信念是：理解婴儿/儿童的主要动机是寻求客体（object-seeking），而不是驱力的满足，并且因此强调母亲/他人与儿童的配对。

> 对反移情的概念进行创新性的使用，是独立学派的一大特色。（参见 Heimann，1950；Winnicott，1949）

面对精神分析，似乎是一种务实的、反理论的态度。它认为情感的出现以及情感与身体的关系是精神分析实践的核心。病人的"他者属性"以及分析性相遇中的关系层面，模拟出了母—婴（潜意识）的成长和相互作用，认可情感元素在病人以及分析师那里的核心地位。保拉·海曼（1899—1982）、珀尔·金（1918—）和尼娜·柯尔塔特（1924—1998）发展了分析师的情感体验以及反移情的概念。玛丽安·米尔纳（1900—1998）和伊妮德·巴林特（1903—1994）发展了婴儿如何从一元发展至二元，以及基本的自我感是如何建立起来的理论。

格雷戈里奥·科亨指出了独立传统的内在悖论。

> 一方面，'独立'这个词意味着自由，脱离权威、一致和正统。而另一方面，'传统'指的是某种效忠、秩序以及连续性（Kohon，1997）。

这指的是，独立学派的分析师认同传统与连续性，但在他们的取向中也允许思考的自由，拒绝教条，坚持开放性和相互性。他们也认为人类的体验和它们的发展方式有着格外重要的价值。

在第二章里面，我们会了解第一代英国独立学派的三位主要理论家，看一看他们的观点。

第二章

早期独立学派思想家:罗纳德·费尔贝恩,迈克尔·巴林特与唐纳德·温尼科特

在第一章里,我介绍了在"大论战"之后中间群体(这是当时对他们的称呼)出现的背景。大论战指是从1941—1944年,为了确立各种不同的理论流派在分析实践中的有效性和地位而进行的一系列复杂的辩论,以及随后形成的一个不稳定的折中协议,使得英国精神分析协会中有不同的培训标准共同存在。

在他自己的时代,弗洛伊德就受到了其他精神分析师的挑战和拓展,这些分析师中最初的源头可能是迈克尔·巴林特的分析师桑铎·费伦齐,他可以说是独立学派的先驱者。费伦齐1913年的一篇文章叫作《真实感的发展阶段》(*Stages in the developments of a sense of realty*),便体现出温尼科特所具备的关注婴儿发展的取向,同时和温尼科特、巴林特的兴趣一样,他也探索使用不同的技术与有早期障碍的病人进行工作,并且也对退行感兴趣。他强调婴儿期对于之后的精神健康的重要性,并对早期创伤的后果以及如何在分析中处理这些后果感兴趣。关于退行,我会在本章中再次提及。

在这章中,我会介绍三大主要理论家的工作,并且梳理他们之间的一些

平行关系。

一、理论背景

关于人类婴儿/主体，存在着不同的视角，这是由于对婴儿如何拥有自我的这一过程，有着不同的初始假设。扩展开来，在精神分析中，对于被分析者如何成为拥有自我的被分析者，也存在不同的视角。后者涉及如何理解人类生命的开始阶段、早期生命和先天因素的关系，以及开始阶段幻想的作用（抑或没有幻想），还有母亲作为初始环境，在帮助儿童从依赖到分离的心理发展上根本性的角色。

环境、情感和反移情这三个特别的领域，以及精神分析性技术，从一开始就对独立学派极其重要，费尔贝恩、巴林特和温尼科特都在工作中直接或间接地涉及了这些领域。

费尔贝恩、巴林特和温尼科特这三位理论家工作的基本框架都源于弗洛伊德，他们接受了弗洛伊德理论的若干方面。他们有条件地接受了弗洛伊德关于力比多的发展理论、婴儿性欲以及达到俄狄浦斯阶段时儿童能以完整的人的形式参与到三方人际关系当中的论述。他们同意俄狄浦斯阶段的冲突会导致在之后的生活中出现精神神经症的问题，而这可以通过经典的取向，即使用解释和重构进行治疗，如同弗洛伊德建议的那样。

他们不同意弗洛伊德在 1920 年提出的死本能的概念，也不同意克莱因对弗洛伊德进行的解读，不同意克莱因把死本能以及它的衍生概念放到理论的核心位置。我们在下一章讲到攻击性时会回到这一话题。

他们三个都投身于客体关系理论的发展。费尔贝恩对英国客体关系学派产生了深远的影响。

二、罗纳德·费尔贝恩

罗纳德·费尔贝恩（1889—1964）是一位苏格兰的精神病学家、精神分析师，他是精神分析客体关系理论发展历程中的一位核心人物。可以说他是在苏格兰独自进行创作，并且基于他的文章，他于1931年成为英国精神分析协会的准会员，并在1939年成为正式会员。在1941年，他就记录下他的临床观察，并且对分析性技术提出了重大的改变。

他对精神分裂症和分裂型人格的病人的分析工作使他认为，分裂谱系比先前理论概念的定义以及临床实践的认识更为宽广。他声称，在焦虑状态、偏执、恐惧症、癔症以及强迫症状里，有很大的比例都有分裂型人格的背景。

他的兴趣在于探索导致精神分裂状态的条件是什么，以及这种状态包括什么。

他提出，需要重写力比多理论，对经典精神分析概念进行调整。他的框架的核心在于在发展的不同阶段都重视客体的关系。费尔贝恩提出人类是"寻求客体"的，而不仅仅是"追求快乐"的，这改变了弗洛伊德的论述。

《人格的精神分析研究》（*Psychoanalytical Studies of Personality*，1952）是他先前发表文章的合集，包括理论和技术，以及更宽泛的精神分析问题。

他坚决主张，人类主要是寻求客体，而不是追求快乐的，这意味着与他人建立关系是人类主体的主要驱动力。儿童与他的父母建立起第一个联结，这样的联结创造了情感的纽带。它们内化之后决定了未来儿童生活的情感体验。早期客体以及早期情感纽带成了日后所有的与他人联结的体验的原型。

费尔贝恩设想，如果家长在很大程度上是无法亲近的，那么他们的子女就会将家长响应的方面（好客体）和不响应的方面（不令人满意的客体）区分开来。他提出这些儿童会把家长不响应的方面内化为他自己的一部分，这样就可以令家长好的方面和坏的方面保持隔离，让家长一直是好的客体，避免了矛盾情感。

1953年，温尼科特（与玛殊·汗一起）对费尔贝恩的《人格的精神分析研究》写了一个相当批评性的评论，但是当他在1967年与"52俱乐部"的一次谈话中重温这一评论时，又变得更为正面一些。

> 我现在开始意识到，费尔贝恩当时做出了巨大的贡献，即使我们只列出其中的两点。其一是寻求客体，这演化成了过渡现象以及其他方面的内容，另一点是要感觉真实，而不要感觉不真实。我们的病人，或多或少地，都有感觉到真实的需要，如果他们没有那样的感觉，那么理解也只能排在非常次要的位置。

费尔贝恩的焦点是与他人的关系中的婴儿，并且对早期关系在日后心理健康中的位置感兴趣。巴林特和温尼科特都对与母亲的原初关系有着强烈的看法，而这一领域在弗洛伊德那里没有得到过多发展，却渐渐地在随后所有的精神分析中变得重要起来。和费尔贝恩一样，他们两人也是客体关系的主要支持者。

他们也同样基于客体关系理论以及经典的驱力理论构建出自己关于婴儿发展的概念。

三、迈克尔·巴林特

迈克尔·巴林特是匈牙利人，他在1939年移居英国之前接受过费伦齐的分析。

迈克尔·巴林特提出了原初的爱的概念，并认为寻求客体是人类存在的核心。他认为攻击性是一种反应，而不是天生的；他不同意原初自恋的概念，而认为一开始具备的是次级自恋。

哈罗德·斯图尔特（1996）指出，巴林特早期的文章有着强烈的生物学偏向。巴林特强调婴儿在子宫中已经强烈地与非人类的环境联结在一起，即胚胎生活在一团和谐的混合质当中。在出生之后，这个状态能持续一段时间，因为妈妈提供给婴儿的条件让婴儿存在于原初的爱的状态里，这指的是，没有附加条件地被爱着。在最开始，通过妥善调整的护理和关爱，一切事物都被提供给了婴儿。如果由于生理或心理的情况太过突出，婴儿和养育的母亲之间出现缺乏匹配的情况，婴儿在心智中就会发展出一个基本错误，导致强迫性病理特征。

原初的爱的原始状态被描述成一种主体和客体和谐混合的状态。受到从客体（他人）那里分离的不可避免的挫折感的影响，这个和谐的世界被破坏了，而分离的、坚实的客体则从中浮现出来。巴林特假设，为了应对这样的创伤事件，婴儿的客体关系可能会按照他称为亲客体（ocnophilia）或疏客体（philobatism）的方向发展。他使用"亲客体"这个术语，指的是客体被体验为友好、安全的，但是客体之间的空间被体验为有威胁、有敌意的；在"疏客体"里面，客体被体验成是有威胁、有敌意的，而它们之间的空间则是安全的和友好的。这两种状态成为亲客体性格（ocnophile）和疏客体性格（philobat）这两种性格的基础，巴林特在他的著作《战栗与退行》（*Thrills and Regressions*）中详细描绘了它们的特征和病理。在理论上和临床上，这些关于客体以及客体之间的空间的思考都非常重要。

亲客体和疏客体的态度中既包括外在世界与他人相处时的关系，也包括内在世界念头和念头之间的关系。亲客体性格会紧紧地依附在它熟悉的念头、信念和习惯上，并且感到非常难以放下这些念头。

疏客体性格会享受放弃旧有念头、发现新念头，但是新念头持续的时间也超不过原来的那些。

这两种态度带来的问题对于治疗所必需的精神改变有着重要的影响。

对于巴林特来说，恨意一贯属于一种反应性的次级属性，不属于个体的基本原始驱力。在他的理论里，恨意是对原始客体爱的否认和防御。

提出恨意和毁灭性属于次级属性，这令巴林特和弗洛伊德、克莱因以及温尼科特区分开来，并且和费尔贝恩的思想更为靠近。

巴林特在他的原始客体关系的理论中，把重心放在理解二人关系上面，起点即为婴儿与母亲的原初之爱的二元配对。

在《基本错误》(*Basic Fault*)这本书里，他介绍了一个关于心智的新理论，按照一人关系、二人关系、三人关系的概念，描述了心智的三个领域。

一人关系是创造性的领域；

二人关系是基本错误的领域；

三人关系是俄狄浦斯冲突的领域。

创造性的领域关联着艺术、科学活动，洞察和理解，以及生理或心理问题的早期阶段、自发恢复。这个领域涉及前客体阶段，这时没有有组织的或完整的客体，直到它们通过外化而被创造出来。

在基本错误的领域中，心智的结构性缺陷是它的动力力量。

俄狄浦斯冲突领域的特征是三角关系，它的动力力量来自心理冲突。

巴林特解释说，他使用"基本错误"这个术语来自晶体学，指的是整个晶体结构突发且快速的不规律现象："在平常情况下，不规律问题可能被隐藏起来，但如果出现张力或应力，则可能导致崩溃，严重干扰到整体结构"（Balint，1968）。

四、唐纳德·温尼科特

温尼科特是一位儿科医生和心理分析师，两次当选英国精神分析协会主席，他对面向广大公众进行宣传、科普的工作非常感兴趣。他把母亲和新生儿看成精神上的同一体，并且认为这个同一体是健康发展、人格成长的基础。这个同一体创造了条件，令婴儿能够分离、开始依自己的本性生活并觉察到他人的存在。

这些最初发展的条件为前语言期的婴儿提供了和妈妈同为一体的体验，正是这一体验促进了婴儿作为有区分的主体渐渐展露出来。根据这些条件是良好的或不良的，婴儿变得大不相同。也有不由这些条件决定的天生固有的潜能，但温尼科特认为婴儿如果没有母性／人类的养育，那就无法成为婴儿。

在一开始，没有自体与他人的区分，这样的区分需要通过关系中的一系列步骤而被创造出来，第一段是母亲与婴儿的关系，让婴儿获得特定的能力，之后则是母亲、父亲和婴儿之间的关系。

自体感觉的起源是主体间、精神之间以及精神内在的，并不是出生时就已经具备的。

内在现实的起点始于整合（integration）、个人化／人格化（personalization）及现实化（realization）的过程，和外在现实的原始关系以及成功的早期情绪发展的基础取决于母亲有活力的体验与婴儿有活力的体验这两者的交集之间的协调。对于婴儿，这两个世界最初实为一体，而母亲最初的角色是促成这一幻觉（illusion），随后在她的日常照料中对不可避免的去幻觉（disillusion）过程加以处理。

温尼科特所关注的早期情绪发展出现在婴儿认识到自己是个完整的人（因此他人也是完整的人）之前。这个阶段的失败为精神病提供了精神病理学的线索。

巴林特和温尼科特同意，在婴儿期早期，母亲或养育者提供的促进性环境为健康发展做出了关键贡献，而当它失败时则会导致严重的病理问题。在会谈室内治疗严重困扰的病人时，值得采纳他们基于婴儿发展概念而做出的改变技术的提议。

平凡的母亲以温尼科特所说的母性贯注的状态与她的婴儿保持联结，这种贯注的状态始于怀孕阶段的后期，使得她能够共情地去理解她宝宝的感官以及情绪体验，并提供一种连续、持续存在着的感觉。但她同样需要帮她的宝宝消除幻觉，把这共享的现实世界介绍给婴儿，并且能够直觉性地理解她的宝宝能够承受多少而不会过度焦虑。如果母亲不是一个足够好的母亲,她可能就不能在最初的阶段辅助婴儿的发展,这会给他带来侵害。婴儿随后就会发展出一个早熟的自我防御,即虚假自体(false self)。虚假自体是一个早熟地去适应环境的自我机构,同时也保护了真实自体(true self)免受进一步的侵害。但是真实自体从此就会保持被隔离的状态,无法体验到真实的感受。

五、退行的概念

巴林特和温尼科特都声称,在婴儿期的初始阶段就遭遇创伤的病人需要在分析性治疗中退行到前语言的功能水平上,以便与导致产生防御性自我装置,也就是基本错误(巴林特)或虚假自体(温尼科特)的环境错误进行交流。

他们认为标准的分析性技术不足以触及由于婴儿期的环境适应以及供给失败而导致疾病的病人。他们认为带有基本错误或虚假自体症候而寻求精神分析治疗的病人需要随着治疗的进程而退行。

退行是一个通用的术语,意思是返回到发展过程中的较早形态上。在临床精神分析中,它似乎主要被当成一种防御机制,比如说,由于俄狄浦斯移情的影响,出现回到早期固着点的力比多退行。退行在这里被当成心灵内部的防御现象,治疗中的工作是对其加以解释。

费伦齐是20世纪第一个为严重困扰的病人提供分析性治疗的分析师,他发现这些病人在会谈时会退行,并且对他的经典分析性方法响应很差。

他开始意识到他们在分析中重复着童年的创伤。当不关爱他们的父母过度刺激或过少刺激他们时,他们遭受到了创伤。他尝试了不同的技术,开始觉察到他自己对病人的情绪反应会影响到他们。他所有的实验都被详尽地记录下来(1988),全都是失败的。弗洛伊德并不认可他的这些发现,在1933年费伦齐去世之前,他们二人便已经很疏远了。

也许是因为弗洛伊德不认可，所以退行一直没有被当作一种主要的治疗工具，直到巴林特和温尼科特在伦敦开始重新启用它。他们在相当大的程度上完善了退行的理论、临床以及技术内涵，即退行是回到客体关系的早期发展水平，但这仍然是一个有争议的领域。

他们都强调他们所引入的一些参量，以便让病人的退行能够被容纳在分析设置的边界之内。

对这些见诸行动加以言语化或解释会阻碍病人前语言状态下的沟通，还会导致最初产生基本错误的创伤再次被重复。

温尼科特比喻性地说到将早期冻结了的、不能被记忆记起，但是被储存起来了的失败情景加以解冻，并且因此在见诸行动中重现出来。

他们都警告治疗性退行可能会出现失控的局面。巴林特提到一种恶性退行的发展，其目标变成了满足日益增加的、如同成瘾了的本能冲动的要求。

治疗性退行不能治愈一个病人，不像神经症症状的病人可以被治愈，但这可以帮助病人从无价值和空虚感的残缺感受中解脱出来，那是他们寻求帮助的原因。

六、小结

在这一章里我简要介绍了独立学派第一代的三位主要人物的工作。我重点介绍了他们对初始环境的兴趣，在弗洛伊德认为神经症的核心——俄狄浦斯情结之前，母亲对于建立精神生活的重要性。聚焦于早期关系是理解治疗关系、理解对于不同种类的病人应该如何开展分析的核心。我介绍了巴林特和温尼科特对退行的兴趣，还有退行在精神分析的理论和实践中有争议的位置。

第二部分

早期情感发展

第三章

过渡客体与过渡现象

（脱稿于2017年4月26日至4月28日，莱斯莉·考德威尔博士与迪特尔·布尔津博士在北京的唐纳德·温尼科特专题系列讲座。）

过渡客体与过渡现象所围绕的领域是温尼科特最为人所知的贡献之一，并且通常被称为是他最重要的贡献。在他1951年5月提交给英国精神分析学会的文章《过渡客体与过渡现象——对第一个非我拥有物的研究》中介绍了这个概念，并于1953年在《国际精神分析杂志》第一次发表，然后收录在他的《从儿科医师到精神分析》(Collected Papers from Pediatrics to Psychoanalysis，1958)一书中。在1971年，它的修订版本被收录进《游戏与现实》(Playing and Reality)，作为书的第一章。虽然已发表的各个版本基本相同，但1971年的更新版本中添加了两个临床实例。两个版本都呈现出两个不同但又相关的领域。

  1. 提出外部和内部现实之间的中间地带是人类发展的基础。

  2. 将这一婴儿阶段的重要价值松散地延伸至4—12个月，并扩展至艺术、文化和宗教的领域。

本章的主要考量是对婴儿的发展进行设定。这是因为，关注婴儿及其发展，以及对分析设置、我们的工作的影响，始终是温尼科特的主要关注点。"文化体验"与"分析的工作与思考"这两个领域通过幻觉（illusion）这个概念关联在一起，它在温尼科特的论述中非常重要，我们会在下文回到"幻觉"这个概念上。

一、过渡客体

温尼科特从婴儿生活中我们都熟悉的常见方面开始，即他们对客体、对柔软的玩具，比如泰迪熊或一块布的依赖越来越大，并且这个客体对宝宝来说非常重要。他的兴趣在于是什么导致了这一发展事件，它是如何发生的，它为什么会发生，以及怎么去理解它。

他提出了一个自婴儿期起，并在一段时间内展开的过程。最初，我们观察到宝宝关注他自己的手指或拇指，那是他身体的一部分，可供他使用。但是，从4个月左右开始，宝宝似乎对自身以外的世界产生了兴趣。他伸手去够它们，并且经常依赖某一个特定的选中的物品，这个物品就变得特殊了，这就是过渡客体。

温尼科特将它的出现，以及它带着婴儿与母亲的持续关系的重要性而被投注的事实，联系到开始感知自体与他人，以及分离这一点上。应该如何理解这一点，它能告诉我们关于婴儿发展的什么东西？为了回答这些问题，温尼科特发现了一些在理论与精神分析实践上需要研究的领域。

    1. 客体的本质。

    2. 婴儿将客体识别为非我（not me）的能力。

    3. 客体所处的位置——外部、内部或在边界上。

4. 婴儿创造、思考、设计、发起及制造出一个客体的能力。

5. 包含情感的客体关系的开始。

这样一个列表聚焦于：

1. 客体的理论状态，它是一个内部客体还是外部客体，对于一个拥有内在世界的人类婴儿，它被放置在哪里。
2. 宝宝对这个客体的感觉，以及它们对人类成长的意义。
3. 最后，我们如何解释宝宝体验中客体的地位，它是如何出现的，它来自哪里，宝宝如何回应并理解它？

二、围绕过渡客体的理论展开

玩耍

通过对这些问题的探索，去理解过渡客体这一在世界上存在着的、真实的物质客体，温尼科特进一步发展出一种思考人类婴儿和人类整体的方法。他提出的论调比仅仅通过内在和外在现实来界定人类的体验要更加复杂，它引入一个中间区域或空间，婴儿以及其后的成人存在于此，并且婴儿或成人的重要事件也都发生在这里。这个领域既不是内在现实，也不是外在现实，而是两者的交汇。玩耍（Play）是可以被描述为发生在中间区域的最清晰的例子。

温尼科特描述婴儿从使用自己的拇指转变到使用不属于自己的、身体之外的东西，他特别感兴趣的是如何以及为什么会发生这样的转变，以及需要发生哪些过程才能令其实现。从拇指到外部客体的转变涉及以下这些。

1. 发展阶段。
2. 运动性与攻击性地探出去（aggressive reaching out）之间的联系——温尼科特认为这是积极的，是对生命的肯定。

3. 逐渐觉察到环境是分离的、客观的。

"之间"

这个空间存在于一种现实与另一种现实之间，一个中间/当中的区域，它的存在取决于时间，为了健康的生活必须要萌生出这样的空间。在他的模型中，一开始，宝宝没有分离或差异的意识，没有空间和分化的感觉，所以母亲与宝宝是一体的。在开始时，宝宝的拇指和嘴巴之间没有空间。当然，母亲知道她和宝宝之间的区别。

在嘴巴与作为第一个拥有物的过渡客体之间，一个实际的、情感的以及心理的空间被打开了，而且这个空间是重要的，因为它促成了婴儿和人类总体的平凡而有创造性的生活。

温尼科特多次提醒人们注意"之间"这个词，它表示婴儿身上发生了更多事情；首先是宝宝的"无能力"，然后宝宝"越来越能认识和接受现实"（1987，p.230）。宝宝在"之间"的空间里出现了一个精神上的转移，这个"之间"是一个现实与另一个现实"之间"，即一个完全主观的现实与逐渐开始的客观的、外在现实"之间"。

幻觉与环境母亲

婴儿身上发生的更多事情与"幻觉"有关，并取决于此，这一点在温尼科特的论述中占有根本性地位。我们所考虑的是宝宝生命中那个前客体关联（pre-object relating）的时期，但它指向与客体建立关系，指向与客体世界的关系，这个客体世界先于宝宝自身的存在而存在着。

由于温尼科特坚持把与母亲的早期关系——就如他所说的"环境母亲"——放到心理健康和正常发展的核心，所以他的兴趣在于，到了新阶段的时候，是什么使得宝宝对一个或多个他自身之外的客体产生了兴趣。这是先前的进展的一部分，取决于与母亲足够好的持续的关系。这是因为宝宝已经能够内化"环境母亲"，随后就可以对自身之外的客体产生兴趣了。过渡客体的存在，或者说其健康的存在，都取决于和母亲的关系。

在1971年加入的两个临床示例都强调了对母亲的依赖，但它们讨论的是过渡客体会承担的一些不健康的方面，以及为什么会这样。

孩子对于自身之外的真实客体，比如对泰迪熊的兴趣构成了婴儿期的一个通常面貌，但对我们来说重要的是，必须存在一些内部过程，孩子才能达成使用外在客体的能力。宝宝和人类必须超越和母亲或照料者的初始关系，才能在围绕他们的世界中生活下去，这对心理健康而言是必要的。

对过渡客体的兴趣和使用表明，婴儿有能力开始想象性地栖居在内在和外在现实之间的中间区域，这具有发展和象征的意义，而且这指向了温尼科特认为对日常平凡的创造性生活至关重要、更广阔的过渡现象的领域。在这个领域里，我们发现了艺术、文化以及宗教。

第一个非我的拥有物

过渡客体被描述为第一个非我的拥有物（not-me possession）。这取决于一个发展的过程，在这种设定下，婴儿在一开始是感觉不到其他人的。温尼科特在发表的版本里区分了"拥有物"和"客体"，他在论文中关于克莱因的部分讨论了"内部客体"与"拥有物"之间的区别。他的立场不同于克莱因，克莱因断定婴儿从一开始就有对乳房的分离属性的原始的觉察。当时对"客体"一词主流、正统的用法，与她认为从一开始就存在内部客体的论述有关（而温尼科特不同意）。当把"拥有物"应用在一个年幼的宝宝身上时，指的是和宝宝的愿望以及愿望组织有关的一些假设。拥有一些东西的概念会涉及什么，这又传达了温尼科特对于婴儿的什么理念，这个婴儿什么时候可以开始娱乐，以一种很基本的形式产生了拥有一些东西的想法，以上的这些构成了他专有的发展模式的重要基础。在温尼科特和克莱因的叙述之间，他们在人类、发展过程的心理学意义的方面有着根本性的分歧。

关于过渡客体,一个连续存在于各个版本论述中的概念是,过渡客体是由于母亲的缺席而产生的母亲的替代品。宝宝使用它来填补空白、让自己睡觉、减少焦虑。也就是说,过渡客体的作用如同一个替代品。这肯定是它之所以诞生的一个方面,但它的使用远远超出了母亲的替代品、母亲不在场时所使用的某个东西这一层面。在此之上,孩子触及自身之外的事物的能力使他有可能在超越自身的世界中发展出兴趣和好奇心。

象征与创造性的发展

安妮·阿尔瓦雷斯(Anne Alvarez)认为,在发展中,过渡客体的存在位于西格尔提出的象征性等同(symbolic equation)与真实象征(true symbol)的概念之间,并表明怎么重视其临床意义都不过分。

她说,"处于中间或过渡阶段的孩子对于客体有着混合的体验,一部分完全属于他,而一部分则不属于;并且他对自身的体验也是如此,一部分的他是拥有者、而一部分则不是"(Alvarez,1996)。

一个真实的母亲如何促成以上的情况,影响着孩子的象征和创造力的未来方向。过渡客体代表了获得这些能力的一个阶段。"象征化过程是另一个复杂的自我功能(ego function),与记忆、表征、边界形成、现实检验、感知觉和统合功能的发展密不可分。"巴金(Barkin,1978)和肯尼斯·赖特(Ken Wright)认为,"过渡经验是当母亲不在那里时,与她有关的一种存留下来的经验",而"过渡客体则被用来填补母亲的缺席(幻灭、去幻觉)而产生的空洞"(1991)。宝宝使用感官元素来代替母亲(柔软度,延展性),因此她的缺席没有被体验到。赖特把这个过程与原初创造性联系在一起,而不是修复。这是其意义的一个维度,但在这里我强调另一个方面——伸手触及一个客体是与世界的创造性关系的开始。创造力,是令生活充实和满意的能力,它与经验相连,涉及一个人能够在自己所拥有的生命中生活下去,能够成为他自己。当婴儿与环境初次相遇时，处于最大的依赖状态，这样的相遇令一种特定的生活与看待世界的方式变成了可能，但也可能阻碍它。温尼科特把这表述为与"创造性"的相遇，但也可以描述为参与和觉察到它。

从这个角度看，孤立地谈论个体是没有意义的，重要的是，从一开始个体就一直与他人有关，即使那个个体/宝宝还没有意识到其他人是其他人。

"我认为在描述婴儿从纯粹主观性到客观性的旅程时，应该有一个用于描述象征化的起源的术语；在我看来，从这个朝向经验的进展历程中，我们看到的正是过渡客体。"随后他接着说，"中间地带是儿童与世界之间关系之起始的必要条件"（Winnicott）。

过渡客体的两个来源

《过渡客体与过渡现象——对第一个非我拥有物的研究》这篇文章的最早表述（1951年版）似乎集中在将焦虑看作一种动机，令婴儿发现自身以外的一个特殊客体上。

感觉到孤独、被饥饿感所威胁是这个过程的开始，在醒着和睡眠之间（在早期阶段必须假定焦虑会不断地带来威胁）某些东西被用来防御焦虑，尤其是抑郁型焦虑。（1951年的演讲）

一旦孩子拥有一个过渡客体，就出现了一个可以帮助创造更多客体的空间，这个空间日后会和精神分析及其目的有关。安德烈·格林（Andre Green）说：

精神分析的目的是建立分析性客体，被分析者可以从分析中把它带走，并且在没有分析师的情况下继续使用它。（Barkin, p. 173页）分析技术旨在实现玩耍的能力，所以基本特征不再是解释，而是使主体能够面列一系列的新客体，产生出创造性的体验。

因此，过渡客体及其所引导的后续过程来自两种不同的经验：养育者可能不在场的情况以及焦虑，还有面对自身之外的世界时的好奇心。两种冲动似乎都鼓励了婴儿式的创造性。

象征化的前提

1971 年增加的两个临床示例从重点强调过渡客体的正常维度转开，引入更多的异常和病理的维度。第一个案例的男孩痴迷于绳索（先前发表于 1960 年和 1965 年），被认为有可能会病理性地使用可能成为（或不会成为）过渡客体的客体，第二个案例从临床上说明了温尼科特一贯提出的观点：如果母亲被体验成不可靠的，那过渡客体可能也会变得无用。它进一步使关于象征和分析客体的讨论变得复杂。

象征化的关键能力再次强调需要母性充分地在场。

幻觉与去幻觉

温尼科特对人类发展的整体论述源于他对于幻觉的注意。

母亲并不能完全按照婴儿的示意和召唤行事，而是以规律的间隔给予乳房，这是次好的事情，她经常成功地带给宝宝短暂的幻觉，在幻觉里他不必认识到一个梦幻中的乳房不能带来满足，哪怕这是个可爱的梦幻。他又不可能通过一个梦幻中的乳房增加体重（1945，引自 Abram，2007）。

温尼科特赋予"幻觉"这个术语新的内涵，并将其提升为精神分析理论和实践中的基本概念。据他介绍，通过母亲与孩子之间、逐渐成形的我和非我之间、主体和客体之间、内在世界和外在世界之间等的中间地带里创造出来的一系列过渡客体，主体（subject）和客体（object）以逐步分化的方式从母—婴配对中被孕育出来。

术语"幻觉"尤其与过渡客体的正常性有关,而不是与其可能的病理性用途有关。

温尼科特的想法是,宝宝在幻觉中创造出了乳房,然后创造出过渡客体。在最初,这一愿景是重要的,但母亲或养育者必须让宝宝去幻觉;这两种不同的体验,首先是在幻觉中创造出了世界,然后是意识到世界在婴儿出生之前就存在了,接着幻觉与世界的范围还将在幼童阶段扩展到玩耍上……玩耍是一个具有中间性质的活动,是幻想和真实工作的不可分割的混合体。要实现这个需要两个方面:需要有成功的喂养,然后反过来,去幻觉能够成就的事情得以发生。

三、过渡现象、过渡空间和玩耍

过渡客体的术语旨在为婴儿在发展过程中初次出现接受一个象征的迹象赋予了重要的意义。象征的前导是个合一体,在同一时间里一部分属于婴儿、一部分属于母亲。通常,这个象征前导实际上是一个客体,婴儿对这个真实客体的迷恋得到了家长的承认与允许。这通常没有物质化,不过在随后,特定的现象会在日后被发现具有相同的意义,比如说,观看、思考、区分颜色、探索躯体的动作与感官,等等。

为了达成栖居在过渡空间的能力,并且在随后可以玩耍,涉及幻觉和去幻觉的过程,对于温尼科特而言,这构成了母子关系的基础。玩耍栖居在过渡空间里面,它对孩子开始在心理及身体上和外在世界的客体产生关联的过程非常重要。"玩耍(play)"以及更进一步的"玩起来(playing)",不仅扩大了艺术与文化的舞台,而且扩展了会谈室里所发生的事件的范畴和分析工作的基础。"玩耍"照亮了会谈室内的工作,同时避免了与"妄想"、自恋以及婴儿式全能感的联系。

在使用什么和有什么意义上面，存在多种变体，内部客体与外部客体之间的关系，这些客体的健康或病理性的用途，都可以提供重要的临床信息，因为这些诸多差异都是围绕着不同的心理卷入/心理空间组织起来的，这些都是儿童带给客体的。

可以将这种评估的见解转化进分析情景中，并在那里使用。同样，有关非常早期过程的信息将从分析中获得。

温尼科特强调玩耍是自愿的、首要的，与心灵的特殊状态有关，这种情绪将婴儿体验的世界与艺术和文化的世界联系在一起，日后的形态取决于、并发展自这一最早的状态。玩耍和文化体验都可以被赋予一个既位于头脑中、又不位于头脑中的位置，这个位置与一个既不属于外在的现实世界、也不属于个体的内在世界，然而又都有涉及的领域相关联。玩耍发生在体验的中间区域里面，并且，能够在"那里"停留的可能性、一个人能够在那里（因此也就是别处）玩耍的可能性起源于儿童和母亲之间的潜在空间，这个潜在空间来自"当产生的经验令孩子高度确信，如果突然需要母亲了，她不会不出现"（1971）。这样的过程始于这个基于经验被创造出来的空间——最初是幻觉的空间，这个空间令一个人能够创造性地生活下去，参与并且利用起人们松散地称为"文化"的领域；在精神分析中，参与并利用的则是"一种高度专精化的玩耍形式，服务于和一个人自己以及他人的交流"。

玩耍的能力不仅是能够使用和享受艺术世界以及普通世界及其乐趣的条件，而且也是能够深入参与到分析过程中的条件。

我们以及温尼科特的一些病人向我们展示了这些由于早期过程中的问题而导致局限和匮乏的病理性结果。

温尼科特坚持认为，过渡客体的重要性在于其作为发展受益的正常性的部分，后期版本中添加的临床示例则讨论了精神病理问题。

安德烈·格林总结说："如果通过内部和外部边界的位置来接近这一问

题，在这个外在与内在相交叉的中间区域，诸如侵犯（impingement）、入侵（intrusion）、分离、抛弃的问题会在其间显现出来，在主体的可能性的前沿发挥作用，那么人们就可以理解温尼科特思想的重要性，而不必考虑过渡客体的附加方面，虽然过渡客体具有其自身的价值，但首要的兴趣在于它所构成的空间，以及它开始运作的时刻"（Green，p. 123）。

第四章

环境

在本章我会介绍英国精神分析师对环境的兴趣，精神分析对环境的关注有什么意义，以及环境对治疗的重要价值。

《牛津英语词典》对于环境的定义是：

1. 人、动物或植物生活、进行操作或进行活动时的周边场所或情景。
2. 一个供使用者进行操作的总体结构。
3. 整体的或局部的自然界，尤其是受到人类活动影响的时候。

这些定义的关注点是，物质世界作为这些事件、活动或关系发生的原始场地。

从精神分析的名称上可以看出，这是一种探索心理过程的方法，而这些心理过程几乎是用其他方式无法触及的。精神分析最初基于对神经症的治疗，它关注的是潜意识的世界和它的动力。它作为一种探索的方法，通过对移情、阻抗以及渴望的解释，将病人的语言、行动和想象的产物（梦、幻想和妄想）

的潜意识意义揭示出来。

> 精神分析是一项由我们将压抑的心理材料带进病人意识层面的工作（Freud，1923）。

在客体关系精神分析的传统下，我们关注更广泛的病人群体，但我们仍然关注潜意识的世界及其动力。其核心是发展的视角，兴趣点在于人类婴儿如何从彻底依赖的状态发展成拥有自体的个体，能够识别出他人并建立联结，事情也可能出问题而导致发展受阻，如何在治疗中对此进行理解并加以改变。这里关注的焦点是比弗洛伊德理论架构更早期的发展阶段。

这一取向的工作对象包括一个广义的环境的概念，以及环境对发展过程的贡献。最先强调环境在人类健康和发展中的核心地位的分析师应该是温尼科特，他描述了母亲和婴儿的世界里一系列的不同阶段，以及这些发展对健康的影响；并且作为类比，他也看到这些阶段对病人和分析师在治疗中的状态产生的影响。他强调在驱力、人类主体的本能体验影响下，外在世界和内在世界的持续交互关系对于塑造人类主体性的核心作用。在这一方面，他跟随弗洛伊德的理念，但也有一个重要的区别，那就是驱力带来的影响和得以实现的时机。

一、温尼科特式婴儿主体性的诞生，环境母亲的作用

当讨论到婴儿在5—6个月期间发展出来的身体能力时，温尼科特将焦点特别放在了这些身体能力的情绪及心理学意义上。婴儿觉察到很初级的自体这个整体，并且觉察到了它位于自己的身体里面；身体是存在的条件，也是场地的界限，在这里，对本能冲动的感觉和幻想得到了理解。觉察到这些包括觉察到自体，并且也因此觉察到了他人，这就是分离的开端；这一切是从之前的几个月里，从发生在婴儿和母亲身上的事件中孕育出来的。温

尼科特式的婴儿不是从出生起就遭遇并承受着本能的体验，而是始于他/她不断统整，成为一个有分化的个体的时候。只有在婴儿从开始的未整合（unintegration）的状态移至整合（integration）——也就是开始统整到一起的状态时，婴儿性欲才有显著的影响。这改写了弗洛伊德的模型，对于人类个体性以及人类困难的起源和形式，这是一个明显不同的解读。

温尼科特把母亲和刚出生的婴儿看作一个精神同一体（psychic unit），认为这个同一体对健康发展和人格成长而言是根本性的。他使用两个术语——"环境母亲（psychic unit）"和"客体母亲（object mother）"来描述母亲面对婴儿时在呈现和参与方式方面的逐渐变化。最开始，对婴儿来说母亲就是环境。这个母亲与婴儿的同一体，这个婴儿与环境的组合，设立了让分离能够发展出来以及分离能够实现的条件。母亲需要变成客体母亲（就是说，一个分离的客体，有着自身权益的人），这也意味着她的婴儿到了更进一步的发展阶段。

母亲作为环境，她为前语言期的婴儿提供了一种和妈妈"同为一体（at-one-ness）"的体验，这种同为一体的体验对健康至关重要。所以说，从新生儿的角度，婴儿和母亲（或母性的养育）"不可以被分割开"。当然，对妈妈或其他人而言，他们是一大一小两个人，但在最初，对婴儿而言却不是这么回事，婴儿要在随后才能意识到这一点。这要花一些时间，通过环境母亲和母性的养育才能做到。天生的潜能固然存在，但婴儿如果没有母性/人类的养育，那就无法成为婴儿。这些起始条件的优劣与否，将会使婴儿变得大不相同。

根据这一理念，在一开始是没有自体与他人的区分的。这样的区分需要经过一系列步骤才能被创造出来，首先是母亲与婴儿的区分，然后婴儿获得了特定的能力，之后则是母亲、父亲与婴儿的区分。

二、"环境母亲"阶段中，母亲的抱持功能

这个前主体性的状态（宝宝作为一个初始的主体）有种种变数，取决于每个独特的婴儿和他们特定的母亲之间的关系，不过最初都是绝对依赖的状态，婴儿依赖母亲的抱持功能，而且只有通过母亲的贡献，婴儿内在的潜能才会实现为一种连续感，也就是温尼科特所说的"持续地存在着（going on being）"。

在最初，母亲和婴儿是一体的，是婴儿—环境组合（infant-environment set-up）。

"抱持（holding）"强调的是育儿中的身体、物理的维度，婴儿被抱持在妈妈的臂弯里，妈妈打理着她的宝宝，换尿布，给她洗澡，照料着宝宝时时刻刻都在变化的存在状态，并且提供连续感。这些日常活动是妈妈的一部分，这令婴儿有时间去体验自己的生理以及心理的韵律，从这些体验中宝宝自己的主体性就会发展出来。而且，这个物质环境同样保护了婴儿免遭外在现实的侵害（impingements），如果它没有保护到婴儿，那就会变成未来问题和困难的来源，这一点我们会在关于早期情感发展的章节中提到。

抱持以及对环境的这种视角涉及依赖感，以及从绝对依赖到独立的演化。通过实实在在地抱着婴儿，也通过它经过持续存在着的体验（ongoing experience）而被转化成的象征性意义，环境母亲提供了一个空间，让婴儿可以开始产生他/她自己的体验。婴儿对母亲依赖感性质上的变化，是生理成熟和真实经验互相作用的结果。这产生了心理上的分离感。

三、"未整合"的概念

在一开始，婴儿尚未从外在观察者所称的环境中区分出来——所以没有对时间、自体与他人、幻想与现实的即刻觉察，不过，这样的觉察也会在非

常早期就开始发展，每个婴儿发展的速度都不相同。

在未整合的状态下，婴儿不知道任何不同、不知道什么会构成自体、不知道自体所处的身体以及内在世界、不知道他人、不知道他人也拥有他们的身体和他们的内在世界——构成"知道"的元素仍然在形成的过程中。"我和非我"、内部和外部，这些状态都没有区别。未整合（unintegration）的状态不是静态的，婴儿会进入又走出这种状态，可能在一天中都会经历很多次，并且在婴儿不再清醒、进入睡眠时，这种状态会最终占据支配地位。与失整合（disintegration）的状态相反，未整合不应该是一种令婴儿惊恐的状态，而应该是婴儿日常体验的一部分——婴儿体验到在清醒、有觉察的状态和一种存在的感觉之间摆荡。随着这个过程，温尼科特提出了个人化/人格化（personalisation）的过程——自体在身体中定位的过程［被描述为"去人格化（depersonalization）"的正向形式］，以及通过现实化（realisation）的发展，婴儿有了对时间、空间和他人的觉察。

"个人（person）"的概念最终出现了，意味着他/她以物理、躯体的形式存在着，并且具有人格、心智和表达出的特性，以一种形式在世界上存在着；它意味着认识到这个世界包含他人，也能被他人识别。他人能够识别和认可这个个人，反过来也会被这个个人所识别和认可。

温尼科特说自体整合成"存在（being）"的倾向是天生的，并且和生理成长的倾向同样强大。事实上它们也无法分开，因为神经联结的过程是整合的生理基础，是生理成长的一部分。这个生的驱力就存在那里，尽管它的强度可能有个体差异。

四、幻觉的功能

从"未整合"的角度来看，幻想和现实尚没有区分，因此，在维持似乎是婴儿创造了这个世界的事情上，幻觉（illusion）占据着核心的位置。通过

"妈妈持续不断地将婴儿的身体和精神相互介绍给对方"（1970），幻觉再加上母亲的抱持功能使得精神和环境之间、自体和他人之间能够产生关系，并且开始迈向整合的成"个人"的发展。

和外在现实最初关系的基础，以及成功的早期情绪发展都依赖于那两个有生命力的体验相交叠时的协调，也就是妈妈的经验和婴儿的经验。对于婴儿来说，这两个世界最初其实是一体的，母亲的角色最初是促成这种幻觉，随后通过她的日常照料来处理不可避免的去幻觉的过程。作为环境的母亲，她提供了存在的连续性，这对于使得婴儿成为"与妈妈生活在一起的体验"的一部分而言是必需的。而随后感受到有其他事情存在，这需要母亲和婴儿分离，也是令母婴分离的条件。自体的感觉是主体间的，源自心灵的内部以及心灵之间，它不是一出生就存在的。

五、主体性来自交流

早期的情绪发展开始出现的时候，婴儿还不知道作为完整的人的自己，因此也不知道作为完整的人的其他人。

在这个环境的模型里，个体的人格是通过两个不同领域的互动以及它们的整合才统整到一起的。

1. 日常的婴儿照料，外在的因素。
2. 本能体验，内在的因素。

日常的婴儿照料／养育的任务是：婴儿／个人是通过这些交流构成的，这些交流具有生理以及心理的重要意义。

在原初自恋中，环境抱持着个体，在这个时候个体是不知道环境的，他和环境同为一体（Winnicott，1954）。

六、分离与中间区域，过渡客体

这样的体验，促成了从温尼科特称为"主观客体（subjective objects）"的世界向婴儿自身之外、环境母亲之外的世界的移动。这样的移动属于婴儿朝向他自身之外的事物前进的一部分。这样的移动代表了分离，意味着世界在个人之外。为了描述这样的过程，温尼科特提出，一个在外在和内在之间的中间区域对人类发展起到了基础作用，并且认为这个婴儿期阶段（大约在4—12个月）的重要意义会延伸到艺术、文化和宗教的领域。

婴儿的发展依赖于这个扩展了的环境的概念，这个概念来自尝试去思考婴儿开始接触一个自身之外的物体时，他所做事情的意义，以及这对于精神分析实践的意义。

温尼科特提出的过渡客体是婴儿第一个非我的拥有物（not me possession），这既是一个象征物，也是发展阶段的标志。过渡客体的变革性质在于，婴儿对它的注意体现出精神内部方面的重要意义。《游戏与现实》（*Playing and reality*）的全书都在探讨这个主题，温尼科特在介绍中写道，"我相信，人们已经普遍认识到，我的这部分工作所涉及的并不只是婴儿使用了布片或泰迪熊——重要的不是婴儿使用了客体，而是婴儿如何使用客体"（1971）。他关注了婴儿已经掌握的能力，也关注创造性和破坏性之间的复杂联系。

婴儿的新能力意味着人类的潜能与成长。在生命的头几个月里建立（或没有建立）的资源，融入了指向过渡客体并且使用它的渴望当中，还会在生命全程继续为个人的内在资源做出贡献。

七、人类体验的来源，成为一个人

与客体不断变化的关系，塑造了婴儿的体验以及客体的性质和位置；到了某一时刻，客体可以在心理上被定位在婴儿之外，这代表着必要的发展阶段，当能够达成这一点时，客体就能够被恨、被拒绝、被否定了。

与自体进行任何沟通的核心乃是能够和客体沟通。具备一些对心理世界和心理功能的觉察之后，幻想、玩耍、心身一体的生活才能够得以发展；这最初的条件是环境母亲，之后是婴儿或儿童在他/她的周边环境中的持续的位置。这些周边环境包括家庭、住宅、学校、朋友，文化、兴趣与工作。人类的精神和心理健康依赖于非常早期的经验所塑造的内在现实与从它发展出的包含他人的世界之间持续的交流和互动。

考虑婴儿用什么东西构成体验，体验面临的是什么，什么时候、怎么样就能够把某个内容归于某个体验，又怎样在他/她主动参与的体验中觉察到这些内容，这也是温尼科特探索的领域。这个领域也让许多研究者产生兴趣，儿童精神分析师和研究者会去探讨身体的中心地位，以及成为一个人都包含些什么。

比如说，唐纳德·科亨写道：

> 创造出我们所谓的成为一个人的心理过程，是精神分析的性格理论最根本的关注；这包括连续性的体验、意向性以及个人责任感的发展……但是，仍然存在谜题……我认识到，我就是我的过程跨越了不同的唤起状态，时而平静、时而烦恼、时而在我母亲的臂弯里、时而独处。自体并不是通过归纳法被创造出来的。通过天生的能力和气质、经过未分化的状态和母亲–儿童的基体，心智浮现了出来，新的功能和结构演化出来；精神分析认为心智是由它自己建立的，它响应的是它自己的体验及其所发现的欲望、恐惧以及能力。在这个自体创造的过程里，自恋和对他人的关切有了微妙的平衡；它们都起源自出生后不久，随后逐渐在幻想以及行动中表现出来，并且在密切的相互依存中逐渐成熟。
>
> （p.173）

这是人类婴儿/主体的起源和发展的一种观点，它们涉及儿童从依赖到一定形式的分离的心理发展过程中，对人类生活的起源、内在潜力的影响、最开始时幻想的角色还有母亲作为环境的重要角色之间相互关系的独特理解。

从这个角度来看，个人主体间性以及内在世界的成长是通过各个水平上的互动，在环境的协助下实现的。

第五章

论独处

一、独处是一种能力

本章概述了温尼科特在精神分析理论和实践方面的根本性贡献,他在1957年提交、1958年发表的文章《独处的能力》(*The capacity to be alone*)中提到了这一点。通过将独处视作一种能力,温尼科特向我们表明它不能被视作理所当然,它和人类的其他属性一样,需要被实现出来。他认为这是"情感发展成熟的最重要标志之一"。

他的论点是通过参考其对人类的至关重要性而得出的,但是总体立场来自他的临床经验。这一论述的基础是移情,以及病人在分析性会谈中能够独处的意义。他通过婴儿早期发展以及母亲的存在来理解这一点;在孩子能被视作达到独立状态之前,母亲就存在于那里,这是独处的基础。

在思考独处(being alone)的同时,一系列相关的状态也要被考虑到,特别是孤立(solitude)和孤独感(loneliness),在本章结束时,我将参考克莱因的后期文献——《关于孤独感》(*On the sense of loneliness*, 1963),那篇文章似乎与温尼科特的这一篇文章进行了对话，但提供了非常不同的论述。

正如温尼科特告诉我们的，独处的能力（capacity to be alone）与真正独处着（actually being alone）的人是不同的，对于那些没有这种能力的人来说，真正独处着是非常困难和痛苦的。他在思索，对没有这种能力的人而言，如同单身监禁的禁闭般的状态会有多么可怕。

他说，精神分析一直更加关心对独处的恐惧或想要独处的希望，但将独处的能力视作一种积极体验，这是非常不同的。它标志着一定程度的情感成熟。

二、初始关系——养育者的在场——独处的能力

这种能力的基础是通过母亲和婴儿之间的初始关系而发展出来的，他在这个主题上最著名的陈述，是通过谈及当另一个人，即母亲或首要养育者在场的时刻，从而将其（初始关系）与独处的能力联系在一起。正是有另一个人在场时的独处的体验，创造出发展自己一个人的独处能力的条件。在温尼科特所探讨的这一发展阶段里，母亲甚至可以不需要实际在场，他描述她以与"婴儿床、婴儿车或当时环境的一般氛围"相关联的形式而在场（p.30）。尽管如此，她仍然是在场的，因为随着时间的推移，她的可靠性和她的在场已经通过连续的经验而建立起来了。

三、传统上，达到单元个体状态后的独处体验

之后，他列出了精神分析认为人们以满意的、放松的方式体验独处的若干种传统方式。

1. 性交后。
2. 当他们接受原初场景、接受自己被其排除在外时。

3. 当好的内部客体的存在已经确立了的时候。

这些方面所处的时间阶段是，儿童或成年人已经达到了单元个体（unit）的状态，并可以接受分离。但是，还有更早期的、"不太精细"的阶段以及独处的方式，而那些才是他的关注，在那个阶段或时期，"宝宝的自我不成熟（ego immaturity）由母亲的自我支持（ego support）来平衡"。宝宝的自我还没有发展起来，但母亲的自我却在那里可供使用。

四、更早期阶段的"自我关联性"概念

对于弗洛伊德的第二个心灵模型，温尼科特引入了一个新的术语——"自我关联性（ego relatedness）"——来协助圈定并理解他所描述的领域。"自我关联性"涉及母亲与婴儿之间一开始即存在的关系。它与本我冲动（id impulses）以及与其相关联的性欲相对，形成了一种对比。弗洛伊德认为出生时就存在性驱力，然而，温尼科特坚持认为，宝宝首先必须确立他自己是一个拥有初级自体意识的单元个体，然后才能与来自内部的那些冲动相遇，也就是说，首先要有以上的发展，性欲才会变得有意义。对于温尼科特来说，宝宝首先需要对内在、外在以及分离有一些原始的觉察，然后发展出一种内在心灵装置，才能够处理、甚至才能够意识到本我冲动是来自内部的。

自我的形成是先决因素，而它取决于宝宝—妈妈配对的健康状况，依赖于母亲在婴儿尚未认识到有两个人、即宝宝和妈妈两个人在场之前，母亲协助维持她和她的宝宝之间的一体（oneness）的状态。

五、更早期阶段自我与本我的关系以及独处的本质

温尼科特将他的自我关联性的理念与友谊以及移情联系起来,因为他认为这是能够独处,并且自由地发现属于自己的个体生活的基础。开始作为一个独立的人而存在的婴儿开始意识到自己是活着的,并且由于认识到这一点而想要做一些事情。如果妈妈和宝宝之间存在这种自我关联性,那么本我关系(id relationships)就可以被接受,这是因为宝宝已经在生命存在的基础上,确立下了属于自己的那一份权利的存在。当体验到某一个冲动时,就有一个宝宝在那,这个宝宝能够体验到这份冲动是属于他的,而不是对来自外界的某物或某人的一种反应。因此他们就处在可以用这份冲动来做一些事情的位置上。当达到这个状态时,宝宝开始做事和行动,认可要去探索它们的欲望和心愿。能够体验到对个体冲动的觉察,这构成了生活的基础。如果这没有建立起来,最终的结果就是徒劳无功、了无希望、缺乏生机的感觉。

他在一句话中使用了三个组成部分:

"我是独处的(I am alone)"来说明宝宝的发展。他依次读取每个单词,并阐述这个词的精神分析意义。

1. "我"这个词意味着宝宝已经得到了确立,婴儿的人格已经存在了,不过仍然还是一种潜能。
2. 当"我"和"是"结合起来,给我们带来"我是"的时候,他将它描述为表明个体有了"形状,而且也有了生活",尽管仍然是一个非常原始的阶段,只能仰仗环境母亲(environment mother)才能出现:她在那里提供保护,并且通过她响应婴儿的要求,婴儿能够进入更进一步的存在阶段,但是仍然没有真正觉察到母亲独立的存在。
3. 当"独处的"一词加进"我是独处的"时候,就能够对

他人有一些初步的觉察了，那个他人指的是一直在那里提供可靠性、一致性和连续性的人。正是这样的背景的在场，意味着宝宝本身可以独处了。

4. 宝宝可以独处，那是因为独处的状况是围绕某一始终如一的他人而组织起来的。

5. 这取决于体验需要被不断地重复，所以宝宝开始有了觉知，一份另一个人会在那里的期望。当这一点得到建立时，宝宝就可以独处一段时间。而温尼科特提出，宝宝独处的状态有点像成年人放松的状态（处于一种没有指向的状态里）。

六、温尼科特与传统精神分析思想关于"玩耍"的不同意见

温尼科特将自我关联性的理念进一步与本我以及作为本我冲动的收尾的性高潮（在性交中）加以类比。他询问类似"自我高潮（ego orgasm）"的术语是否有助于扩展对与自我关联性有关的情绪状态的理解……例如，可以用来指在音乐会或友谊中令人满意的体验吗？

这提示出与高潮或收尾有关的想法。这会有用吗？

他参照了玩耍（play）和玩起来（playing）的概念以及玩起来的是什么来阐述这个想法。在这个部分，他预示了他的一些后续文章。

他问，孩子在玩起来时，他们在做什么？这仅仅只是升华吗？玩耍只是将性驱力转移到替代的或并行的活动中吗？

他的答案是否定的，温尼科特不认同这些。他在这篇"独处的能力"里，以及集结在《游戏与现实》里的多篇发表于20世纪60年代的关于玩耍的重要论文中提出，活动的本身就有意义，玩耍、玩起来，这本身就是重要的，

因为它给生活带来了更进一步、更丰富的意义。

温尼科特不关心把玩耍作为性高潮的功能或把玩耍作为一项自慰活动，尽管他同意，伴随玩耍的幻想可能在临床和治疗上有一定价值。他的兴趣在于把玩耍看作创造性生活的一个基本组成部分。他说，这是创造性的持续的证据，这意味着活力，它将个体与内在个人现实的关系和个体与外在的或共享的现实的关系联系在了一起。总而言之，这些强调勾勒出温尼科特的取向，他坚持认为玩和玩耍有其自身的价值，而不是作为治疗技术或升华性质的活动的一部分，只能揭示出潜在的幻想和焦虑。

温尼科特取向的论述的基本组成部分是创造力，玩耍是一种自愿的、原始的状态，与特定的心灵状态、自体、心灵和自体的关系关联在一起。玩耍发生在体验的中间区域里，并且，能够在"那里"停留的可能性、一个人能够在那里（因此也就是别处）玩耍的可能性起源于儿童和母亲之间的潜在空间，这个潜在空间来自"当产生的经验令孩子高度确信，如果突然需要母亲了，她不会不出现"（Winnicott，1990，p. 36）。温尼科特再一次为婴儿、儿童与他人——即母亲的关系演进赋予特殊的地位，将其作为发展出玩起来的能力的背景。他拒绝把本能作为玩耍中的兴奋感的来源的解释，而是呼吁那是由于母亲在一开始通过适应与配合，让婴儿有幻觉的体验而带来的"魔法本身的不稳定性"。这种幻觉体验的魔力被嵌入自体的内在世界与客体的外在世界之间的间隙里；它在本质上是不稳定和令人兴奋的，可能是由于母亲对宝宝的爱恨所创造出的值得信赖的亲密。

我们刚才讨论的是"当某人在场时的独处的阶段"，而这种可靠性为更进一步的发展提供了背景。这表明婴儿已经有了"客体恒常性"，当妈妈不在的时候，她的内在表征可以被体验成在场。首先，宝宝可以在另一个人在场的时候独处，其后则可以独自一人，因为内部资源可靠地存在着。母亲，首先是外在的，随后作为内在的玩伴，允许玩起来，带着所有的兴奋和不稳定性，可以去冒点险，也就是说，在一段关系里共同玩起来。

成熟的玩耍的能力，像成熟的独处的能力一样，不同于躯体运动类的游戏；它取决于将现实和幻想、过去和现在区分开来的能力，并享受创造性的想象力。病人表现出局限和匮乏，是非常早期过程中的问题导致的病理性结果，在严格意义上的分析能够开始之前，他们首先需要学习如何玩耍。

七、关于独处，温尼科特与克莱因的不同

《论孤独感》（Klein，1958年提交，1963年出版）似乎是对《独处的能力》的回应（1957年，1958年出版）。除了内容以外，这两篇关于相同主题的论文让我们意识到作者不同的个性以及二人的关联，还有他们对人性理论的不同取向。

我认为朱莉娅·克里斯蒂娃是正确的，她说："克莱因所达成的平静，贯通核心的乃是一种荒凉的基调（a tone of desolation）"（Kristeva, 2001）。这种荒凉在克莱因接近生命终了时的这篇非常动人的文章中传递了出来，也许这是潜意识的，来自她家庭所遭受的迫害、她自己痛苦的历史，并随后通过她与自己女儿的关系传入了下一代。

克莱因将孤独感看作她整体世界观的一部分，以及婴儿必须掌控偏执性焦虑及抑郁性焦虑以便达成整合的论述的一部分，但她认为，即使这些过程顺利，孤独感仍然是不可避免的，因为最为完整的被理解的体验需要以母亲和孩子之间满意的早期关系为基础，并且从本质上与前语言阶段相关。然而，满足（gratifying）是在之后的生活里出现的，是向一个意气相投的人表达思想和感受，但仍然遗留着一份无法满意的、不通过词汇就得到理解的渴望——从根本上讲渴望的是与母亲的最早期的关系。这种渴望促成了孤独感，衍生自不可挽回的丧失带来的抑郁感，并且由于和母亲的关系从不会一帆风顺，因此总会有衍生自婴儿破坏性冲动的迫害性焦虑，所以时不时地，母亲和她的乳房会让婴儿感到受迫害，而婴儿会感到不安全。这是孤独感的一个

根源，而另一个来源是整合，因为完全地整合从来不能实现，我们永远无法完全理解和接受自己，但是这一份了解自己的渴望与被好的内部客体所理解的需要关联在一起，这也带来了孤独感。她在孤独感和另一个论断之间建立了联系，认为一个人无法属于任何一个群体或个人。投射给其他人的那部分自体是丧失了的，因此"一个人不能完全拥有他的自体，即一个人不能完全属于自己，因此，也不完全属于其他任何人"。

第六章

早期剥夺及其临床启示

在这一章我会讨论一些精神病理形式，它们可能源自最早期发展阶段中的问题，这些问题给人格组织（在初期的自我里）带来了弱点。这继续了早期环境供给，以及它对心理健康的基础性作用的主题。我们越是回溯到早期发展中，"环境"以及它和作为身心发展基础的主体间性的关联的重要性就愈发显现出来。

这时候母亲和婴儿之间沟通的形式和媒介主要还是非语言交流，既通过母亲的抱持（holding）、打理（handling）和凝视（looking），也通过母亲对婴儿说的话语表现出来，话语的核心地位作为一种心理模板蕴含在这段时间中，以一种潜意识的形式融入我们的核心交流方式。

但是婴儿需要、也有必要得到一定程度的来自他人的响应，才能够发展成为有自体的个体。如果响应中存在持续的误差，病理性的问题就会出现在巴林特称为"基本错误"的这个水平上。

普通的足够好的母亲/养育者使得儿童能够创造性地使用这个世界。如果这点失败了，儿童会失去和他人的联结，也会失去创造性地发现任何事情的能力。这或多或少、不可避免地会发生在所有婴儿身上，因为环境母亲不可避免的失败也是健康成熟过程的一部分，但是持续的失败给人格的起步和自体的建立带来了发展性的问题。在这种情况下，婴儿的心灵可能必须得组织原始防御来对抗环境的异常，但这个发生时婴儿还没有一个具备功能的自我（functioning ego），所以他们会双倍地依赖于母亲的辅助自我（auxiliary ego）。

温尼科特对这种情况感兴趣，就是精神病性、边缘人格的现象，这些现象起源于完整个体的功能开始行使以前。他尤其在和有困扰的成年人工作的过程中遭遇到了这些现象，他在1945年的重要文章"原始情绪发展"（Primitive emotional development）中写道：

> 我首要的兴趣在于儿童病人以及婴儿，我决定我必须要研究成年人身上的精神病问题。（1945，p. 145）

一、早期剥夺与破坏性冲动的关系

有三种可能的起始状态：

一个足够好的开始，并且持续下去。

一个足够好的开始，但是失去了：剥夺（Deprivation）。

从一开始就没有好过：贫瘠（Privation）。

每种状态都对儿童的发展、未来的健康或不健康有影响，各种特定的策略会在当时及随后被发展出来，来应对这些不同的早期环境。

温尼科特的分析工作中人们知道的最多的部分，是他和那些在非常早期的母婴接触中就出现问题、母婴之间的沟通和同调失败了的病人的工作，温尼科特描述这样的失败是环境的失败，这里的环境使用的是我在关于环境的章节里提到的一种扩展的理解。

当他描述首先和环境母亲，随后和客体母亲发生的关系时，他特别关注从前者移至后者的过程，它是通过真正的实际生活关系中的必要的不可靠性出现的。这样的不可靠性产生了自体出现的条件，但如果不可靠性作为唯一的环境，情况又会大不相同。必要的不可靠性促使破坏性冲动能够整合进爱的冲动里面。

如果事情进展顺利，儿童会开始认识到破坏性想法自然地存在于生命、生活和爱当中的现实，并且找到方法去保护珍视的他人和客体免受自己的伤害。

建设性地组织生活，以便不会为了脑子里持续出现非常真切的破坏性念头而感觉糟糕。

二、抑郁的情绪与抑郁症的区别

为了达成这一点，儿童一定需要一个关键元素不会被破坏的环境。

特别是抑郁和反社会倾向的两种情况，被理解为源自断奶的发展时期。那时候幼儿开始建立一种完整的人的感觉，但实际上还没有达成这一点。因此丧失（断奶）的议题就很关键了。足够好的开始里面具备的一些属性丧失掉了，儿童感觉丧失了客体（母亲）对自己的投注。体验到这种客体的去贯注，儿童可能出现抑郁或反社会行为的反应。温尼科特独到地提出，随后的生活中出现的反社会行为其实是在寻求恢复那些曾经拥有过但又丧失了的东西，至少在最初的阶段是希望的表现，这很有悖论的色彩（Winnicott，1967）。

抑郁的情绪（和悲伤、痛苦、丧失的感觉相关联）是被整合的自我结构（ego structure）以及身心统一体所拥有的情绪，是一种整体的状态。它具有价值和意义，而且有着自行恢复的种子，然而抑郁症（Depressive illness）和进入克莱因称为抑郁心位的过程中发生的失败有关。临床上，抑郁通常和去人格化、无望感和无价值感联系在一起，也可能和虚假自体（false self）的发展联系在一起。这些现象都属于最早阶段，也就是婴儿还没有发展出关切的能力（capacity for concern）之前的时期。在那里没有能够促使母婴关系建立的东西，让母亲可以接收到婴儿的示好和向外的运动，朝向复原和修复的方向发展。取而代之的是，这个过程不是被抵消掉了，就是根本没出现过。结果是对冲动的抑制、内在世界的匮乏以及自体发展的受限。

在这种意义下，需要考虑有两个病人或两个潜在的病人：抑郁的、缺席的或不可获得的家长，有抑郁家长的孩子/婴儿，这些孩子/婴儿需要适应这种无反应的、不共情的环境运动以及母亲/他人……可能意味着轻躁狂的虚假自体，远离一个人本身的破坏冲动或个体内疚感的能力。

三、沟通中的破坏性冲动、攻击性被阻碍

当剥夺发生了，例如家庭破碎或家长关系恶劣，儿童自己的攻击性念头和冲动就变得不再安全，由此产生的问题是儿童可能会丧失他自身的冲动性和自发性，或是失去了外在的抱持，孩子的冲动变得不能被约束，以致他/她变得失去控制了。攻击性倾向也变得"不知不觉"，并且和逻辑脱节，但是受伤害的孩子爆发出攻击性是在发出求救信号，攻击性把其他的东西隐藏起来了，比如脆弱感、受伤的感觉等。

孩子需要恢复，重新发现他自己的攻击性。

在这里强调的是，好的或坏的婴儿期取决于环境，而不是婴儿（"投射"被假定已经有了很大的发展）。

在以下的临床片段中，我会介绍和一个 27 岁年轻女士十个月以来每周一次会谈的最后一次。她由于意外怀孕产子导致惊恐反应而被介绍前来治疗。整个怀孕期间，对于要成为母亲以及要为宝宝负责，她在极度矛盾的感受中

来回摇摆，并且稍微有些躁狂地坚称一切都会好的。她在宝宝出生前就和宝宝的父亲分手了，她不情愿地离开了之前居住的国家，回到她的原生家庭里。

她最后一次的会谈是带着她两个月的宝宝来的，这是她第一次带着她的女儿过来。

病人在这次会谈中不停地说话，把我"定"在那里，让我想到了处于密集护理之下的婴儿被固定在机器里面，而护理人员会被激起很多的焦虑。病人一边说话一边喂孩子，她把孩子紧紧抓住，挤压在自己的乳房上。当孩子吐出一点奶后，孩子被放松喘了口气，但又被再次抓紧压在乳房上。全部的时间里，婴儿都被抱着紧紧地贴住乳房，几乎就像是为了拒绝除了躯体接触以外的任何接触，这看起来似乎是人们对在一起的母亲和婴儿的传统想象，但也给人一种如同自动机械般的印象。

她们没有眼神的联结和交流，我的感觉是这个宝宝几乎要被乳房弄窒息了，乳房就像是盾牌，在抵挡什么东西一样。

它是在抵挡什么呢？

这个被喂养的宝宝是谁或是什么，妈妈的身体又在表征什么？在这一焦虑的喂食和告别当中，我又是谁，我表征的是谁或是什么？

这个妈妈告诉我，这个婴儿是个非常好的婴儿，她不惹麻烦，所有的事情都很好，而且肯定会一直好下去。

但是到了最后会谈快结束的时候，我非常担心这对有问题的母婴配对，尤其因为婴儿的进食和母亲的谈话，传递出了一方的恐惧和另一方的退缩与缺席。我的病人准备要离开了，她似乎不确定要做什么。

她无助地看着我，之后做出了一个递出宝宝的姿势。直到现在她都没向我介绍这个婴儿，而且也未能给婴儿留下任何自行与我相处的时间。

我觉得这可能是一个尝试的开始，所以我接过了这个递过来一半的婴儿，我轮流看着她们，意图将我们联结在一起。

但是这个婴儿没有表现出任何看我的兴趣，她似乎没有意识到我在这里，对于抱住她的人不再是她的妈妈这件事情无动于衷。

我觉察到自己尝试着和她建立眼神的联结，想要发现她的视线，而且因为做不到这一点而变得愈加担忧。

这里有母亲的焦虑，也有婴儿的空白状态，还有我面对这个看似无法取得任何联结的婴儿的焦虑，这个婴儿明显表现出对获得接触不感兴趣，也不会自己探索这个世界。

当这个妈妈把孩子接回去的时候，孩子身上那种可怕的缺席和孤立的感觉在妈妈的空白中得到了回响，这个妈妈回避看她的孩子和我。

在会谈结束的时候，母亲和婴儿之间缺乏任何交流，以及在最后这个母亲与我的这种安静的、充满焦虑的交流，与她在会谈期间坦率的谈话形成了对比，自始至终这个宝宝显然没有参与到我们的任何一方里，所有这些让我对这对母婴配对双方的未来有一种不顺利和孤寂的预感。

这次会谈带来了一系列的问题，比如母亲对婴儿发出的沟通缺乏回应，这会给婴儿带来什么影响，还有当婴儿发出了某种形式的沟通，但没有被接收到时又会发生什么？

如果接收者/母亲/治疗师，不管出于什么样的原因，错过了沟通的邀请或弄错了含义，那么会给沟通者/婴儿/病人带来什么样的结果？这些问题具备更宽泛的社会交流层面的意义。

在我所报告的这个令人苦恼的案例中，在他们共同度过的头两个月的生活里，这个没反应的婴儿和她焦虑的、自身有问题、无法对另一个生命负责的母亲之间都沟通了什么？在这一次会谈中，她可能不知道如何或根本不想要进行如此痛苦的、辛酸的沟通。

四、环境的侵害导致婴儿的屈从

许多情况都会给婴儿造成种种主动或被动的侵害，有些是因为某种情况的存在，而另一些是因为某些情况的不存在。

母亲未经调整的困扰，例如产后抑郁或其他围生期的心灵困扰。

心灵被她自己未解决的创伤和丧失所占据。

妈妈自己的被忽略和被虐待。

母亲/养育者无法足够准确地镜映婴儿的状态：将不匹配元素投射给婴儿。

婴儿对侵害的反应减损了婴儿真实地生活着、存在着的感觉，只有通过回到孤立的状态、甚至可能采用精神病性的退缩才能重新获得那种感觉。

婴儿的反应是屈从（compliance），这导致真实自体（true self）受到干扰，出现虚假自体的结构（false-self structure）。

在论文《早熟的自我发展》（Premature ego development，1960）里面，马丁·詹姆斯（Martin James）描述这样的心灵如同一个被分裂了的实体，指出从物质环境的失败中产生出来的早期模式可能会导致身心疾病。他观察到一个头三个月都没有得到母亲良好喂养、营养不良、经常挨饿的婴儿出现了一种发育过早的运动性。这个婴儿给人一种她是个年龄更大的婴儿的印象，在詹姆斯看来，这反映出她"被迫要去忍受延迟……早熟的自我发展意味着这个婴儿在原初自恋的阶段里接过了母亲在现实中的一些功能，或是就开始要这么做了。这对于 3 个月的婴儿来讲不是一个适应当前发展阶段的行为"（James，1960）。

婴儿的持续存在着（going-on-being）的感觉是足够好的养育会带来的正常情况；屈从（compliance）和让步的能力（capacity to compromise）是完全不同的两种现象。没有母亲的辅助自我（auxiliary ego），情况可能会变得很严重：婴儿需要面对"不可思考的焦虑"，即湮灭感、永无止境的坠落、变成碎片、和身体失去关联、没有方向，并且没有办法处理这些感受。这是温尼科特著名的论文《对崩溃的恐惧》(*Fear of breakdown*)中涉及的领域。

五、临床启示

温尼科特认为在精神病病人身上发现的心理失整合（disintegration）现象是一种防御，抵抗对突然地、压倒性地退回到原始未整合（unintegrated）状态的恐惧——早年创伤的重复——并且将解离倾向视作早年整合过程没有完成的后果。

我们现在知道，不论早期创伤是性的、情感的、虐待或是忽略，它们都会产生相似的结果，导致在随后的儿童或成年发展过程中，在心理能力、健康、自尊感以及省映能力方面出现相似的后果与问题。当讨论婴儿期以及儿童时期发展方面的问题，并且对心理健康进行讨论时，关注到早期环境可以对讨论有帮助。

温尼科特认为精神病理问题往往和发展过程中早期环境的失败有关（供给缺陷或侵害），这让他认识到精神分析的用处可能是去迫切地寻找那些缺失的体验，或是需要重回那些痛苦的体验。他常常将母亲与孩子的关系和病人与分析师的关系、精神分析设置做比较，试图在平和的会谈室里保持稳定和可靠的注意力，并且能够继续稳定地维持下去。这些早期体验在分析设置中重现出来，展示出先前关系的样貌。在会谈室里，非言语元素是弗洛伊德最为重大的技术创新之一，如果病人能够使用它们进行省映、退行，那么我们希望他们最终能够康复。

我们提供的内容中自动包含时间的元素——我们按足够的频度见病人，这样病人就不用遭受另一次注意力被剥夺的痛苦，我们基本上会持续治疗下去，直到改变确实发生，并且稳固下来。我们的目标是，不论是否有精神痛苦的风暴都一同经历，去经历理想化以及随后的去幻觉，忍受那些把我们感知成所有痛苦的来源的时刻，并且继续尝试着去解开冲突的线索。

未整合（unintegration）、整合（integration）、失整合（disintegration）以及"持续存在着（going on being）"的概念带给我们更多关系层面的启迪，而不是解释的技术，尤其是我们在当代经常见到的碎片化、自恋受损的病人，他们"持续存在着"的感觉可能受损了或被隐藏起来了，因此他们非常困惑，无法感觉到生机和目标，或者他们会感到自己的自体是基于忙碌感的，基于做点什么，而不是基于存在。

对于这样早期受损的病人，时间、空间、场所等分析参数的安全性至关重要。有些病人，尤其在刚开始的阶段，会表现出明显的防备性，分析师和他们在一起时，会在他们信任的诱惑和全然的恐惧的摇摆中感受到病人强烈的警觉和高度的焦虑，他们害怕又一次的失望会导致失整合的后果。

第三部分

中间学派的解读

第七章

攻击性

在这一章我会介绍弗洛伊德对攻击性的思考变迁,随后使用独立学派温尼科特的论述,来重点介绍独立学派如何看待攻击性,尤其要介绍独立学派和克莱因以及克莱因流派的差异。我也会介绍它在临床治疗上的启示。

一、弗洛伊德论攻击性的思考变迁

19世纪90年代,弗洛伊德早期的精神分析论文中频繁提到病人在自由联想中的攻击性念头和感受。在《小汉斯》(*Little Hans*)中,他描述这个小男孩对他父亲的攻击性的嫉妒情绪(aggressive jealousy),在《性学三论》(*Three Essays on Sexuality*,1905)中,攻击性被认为隶属于施虐(将它看成力比多,即性本能的一种倒错的体现形式)。

他的临床观察继续呈现出,攻击性冲动在症状的形成、爱意与恨意的冲突以及矛盾情感中都是重要的因素。

但是攻击性在弗洛伊德阐述精神结构性质的第一个重要模型中没有位置。在地形学模型中有两个基本的本能驱力:性驱力(sexual drive)(即力比多)

和自我保护（self-preservation）的自我本能（ego instinct）。如果力比多以及和它相关联的情感、幻想不能被自我所接受，自我就会压抑它们，迫使它们进入潜意识，而它们会通过神经症症状的形式得以释放。

在地形学模型里面，兴趣的焦点几乎全部聚焦在力比多上面。

在《论自恋》（*On Narcissism*，1914）这篇论文里，他第一次严肃认真地注意到自我的结构和性质。根据他对自大狂的观察，弗洛伊德开始意识到力比多不仅可以被引导朝向外在客体，还可以被导向自身。在《论本能及其变迁》（*Instincts and Their Vicissitudes*，1915）中，在处理恨意这一问题时，理论架构给了攻击性一个正式的地位。

为了试图理解在自杀中攻击性转向自身的现象［在《哀伤与忧郁》（*Mourning and Melancholia*，1917）中讨论］，以及强迫性地重复过去的创伤性情感体验（"强迫性重复"），弗洛伊德提出了"在有机生命中固有的一种返回事物早期阶段的欲望"，也就是说，通过死亡令有机体返回到无机的状态，一种生理上固有的朝向死亡的动力。

弗洛伊德强调生物体继续生活下去，是因为起源于基本的自我毁灭的死本能（death instinct）的攻击性被部分地转移到了外部，朝向了外在客体，并且也因为死本能本身被爱欲（Eros）的驱力，或称为生本能（life instinct）所压制。

当弗洛伊德在《超越快乐原则》（*Beyond the Pleasure Principle*，1920）中对本能重新分类时，性本能和自我保护本能都被归入了生本能里面。攻击性不再被认为是源自自我保护本能，而是死本能被引导到外部的外在表现。对于生本能和死本能，人们从没达成过一致意见。在《自我与本我》（*The Ego and the Id*，1923）之后，随着结构概念的引入，攻击性的新概念对于理解强迫性神经症和忧郁症就变得格外重要了，因为它为形成超我（super-ego）的过程带来了新的思路（Edgcumbe，1970）。

二、弗洛伊德之后的若干观点

安娜·弗洛伊德从没抛弃过她父亲的理论，但是，在另一方面，她也没有对父亲的理论全盘认可，而是提出这种理论是一种推测，无法证明。她经常谈到"攻击性"，不过没有援引某一理论来源，也没有预设攻击性等同于破坏性。

新观点的影响扩展到精神分析工作的全部领域，甚至影响到了治疗技术，并且被证明在对精神病的研究、其他的退行现象以及婴儿期和童年期问题上非常有成果。"主动"的攻击性指的是希望去伤害、掌控或毁坏一个客体；被动的攻击性指的是希望被掌控，被伤害或被毁坏。力比多和攻击性出现某种程度的融合是这些希望的先决条件。

释放攻击性可能会被体验为愉悦的，但是让纯粹的破坏性本能冲动得到满足，这也会被体验为愉悦吗？这也许需要对这一问题加以讨论：攻击性的目标是什么？

自我通过引导攻击性朝向替代客体、约束以及升华来调节攻击性。但是攻击性的内化是形成超我的关键，一旦超我形成，调整过的攻击性就被超我用在它和自我的关系上。置换、约束或升华，以及它们和本我的关系、和释放攻击能量的关系，是心理整合、整体人格及其在社会现实中所处地位的重要条件。个体忍受挫折的能力非常重要，如果没有升华攻击性的能力，就不可能实现持续的客体关系。

克莱因强调攻击性的重要性，她理论的大部分都依托于攻击性以及它与她所论述的死本能之间的关系。她认为儿童内在地具备破坏性的攻击性，这是一种根植在死本能里的攻击性。温尼科特认为克莱因从根本上误解了她所观察到的儿童攻击性的本质，因此在分析中处理的方式也不正确。

三、独立学派的观点：
天生具备的内在冲动是创造性的攻击性

温尼科特不排斥先天攻击性的概念，也不仅仅把攻击性当成挫折（frustration）或堕落（corruption）的产物。温尼科特认为攻击性和儿童令自身的基本需要得到满足的内在冲动有关——将自身涌现出的运动技巧和躯体协调能力运用到获得食物、关照以及好奇地探索世界上面。

在最初的状态下，婴儿是与妈妈融合在一起的（"绝对依赖"）。婴儿开始了一段预先设定好的、朝向分化的成熟之旅。母亲与婴儿同调，慢慢地、小心地让婴儿从依赖的状态成长到可以分离的状态。

婴儿必须慢慢把那个分离的妈妈的形象创造出来，达到相对独立的状态，之后才是最终的独立。对温尼科特而言，婴儿天生具备的不是破坏性，而是创造性。一切后续的创造力都取决于他作为婴儿时能否有创造力，以及母亲、父亲、随后是整个家庭能否支持、鼓励这种创造力。如果婴儿在成为一个人的过程中自然表达出来的攻击性不被容许，如果攻击性被压抑、禁止或被当成是不好的，那么婴儿可能就会崩溃，出现生病或者退缩。

温尼科特假设，创造性的攻击性是婴儿与生俱来的权利，是作为人类存在的一部分。他探索了这种天生的创造性的攻击性如何被破坏、被歪曲而成为破坏性的攻击性。

在他的论述中隐含了为实现儿童的最大利益而提出的对社会政策的提议。

四、独立学派的观点：攻击性和爱意，从魔法到现实

攻击性和爱意结合在一起的一个最重要的例子就是咬的冲动，婴儿从第五个月开始就会表现出来。最终这会合并到吃各种食物带来的快乐当中。然而在最初，是好客体，也就是母亲的身体，是让婴儿兴奋地想要咬的对象，

令婴儿产生了要去咬的念头。因此食物被婴儿接受，是因为它象征了母亲的身体，或在随后象征了父亲的身体，或者是任何一个爱的人。

婴儿与儿童需要花时间来掌握攻击性的念头和兴奋感，学着去控制它们，却也不失去在恨或爱的适当时刻表现出攻击性的能力。伤害到人或事物在儿童的生活中占有相当大的成分，问题在于儿童是否能够驾驭攻击性的驱力，用在生活、爱、玩耍以及（最终）工作的任务上？

婴儿在幻想中可以把世界毁灭掉；在婴儿式的魔法中，可以一闭眼睛就抹掉整个世界，世界也可以通过再看一眼、出现新的需要而重新被创造出来。母亲以一种敏感的方式带领婴儿度过这个生命发展的早期关键阶段，婴儿逐渐意识到世界的存在与否其实不在他的魔法控制之下，这会令他感到震惊，而母亲要给婴儿时间，帮他获得处理这种震惊感的能力。如果有足够的时间允许这样的成熟过程，婴儿就能够变得有破坏性，能够去恨、去踢、去尖叫，而不会再魔法一般地消灭掉整个世界。

对温尼科特来说，真实的攻击性是一项成就，是个体情绪发展整体过程中的一部分。和那种魔法般的破坏性相对比，攻击性的念头和行为能够具备积极的价值，恨意也变成了文明与教化的标志。

五、独立学派的观点：攻击性的发展与呈现

攻击性最初是如何展现的？首先是通过运动力，其次是通过满足需要来实现的。

攻击性有一条发展的线路，以及不同的阶段。

温尼科特的理论分散在他从1939年发表的论文到去世后出版的合集《游戏与现实》中。

攻击性和以下事物有关：一是躯体以及躯体过程；二是自体和客体。

最初的攻击性存在于身体活动中，胎儿运动和婴儿动作都是和生之驱力

关联在一起的能量源，也和"原初的爱的冲动"有关系。

所以，在一开始，攻击性并不是和"消极"属性、破坏性及愤怒关联在一起的。比如"踢"这个动作尚未和"踢"或伤害的意图关联在一起，而是一种能带来享受感的运动，温尼科特称之为"肌肉的性欲（muscle erotism）"。在它具备意图、能够故意带来伤害之前，攻击性首先需要儿童的组织以及整合。咬也是一样：通常来自兴奋感，而不是挫折感。

正如所有的体验都同时既是生理的、又不是生理的，攻击性和爱意也会同时存在，我们在婴儿期想要咬爱的客体的冲动以及往后的其他事情中都能看到。这样的生理过程随后就会在幻想中被原始的精神过程所演绎。这体现出进一步的发展，包括逐渐区分出我和非我，婴儿有能力认识到客体有着诸多能力，（在幻想中）既包括破坏客体的能力，也包括保护客体的能力。

跟随温尼科特，独立学派的分析师们不相信一开始就有原始嫉妒（primary envy）或施虐性（sadism）。这两个都是随后才发展出来的。巴林特认为恨意永远是一种反应性的次级属性，而不是个体的原始基本驱力。巴林特的理论认为恨意是对原初客体爱的一种否认和防御。巴林特表述的恨意和破坏性是次级属性的观点，和弗洛伊德、克莱因以及温尼科特都不一样。

六、独立学派的观点：运动的朝向以及关切能力的发展

在子宫里，胎儿移动四肢的"胎动"，他碰到的阻力可能会使他发现世界并不只有他自己。这可以联系到婴儿与外在现实的关系的问题。运动是从婴儿朝向环境的，还是从环境朝向婴儿的？

婴儿如何开始形成一个真实的自体，这和客体的位置以及角色有关，也和婴儿在幻想中对客体做了什么有关。在一开始，婴儿把客体当作主观客体（subjective object），是从原始的创造性中被创造出来的，因此会不假思考、

不予关切地按照延伸的自己的方式去对待客体。与母亲身体的早期关系被温尼科特描述为前同情的（pre-ruth）。这是婴儿原始的、无情的自体（ruth-less self）。一开始没有关切（concern），是因为婴儿认为客体是自体的一部分，即主观客体。在一开始没有关切他人的能力，认识不到后果或所做的事情会带来什么影响（咬、踢，等等）。前关切的、兴奋的爱包括了对母亲身体想象性的袭击，攻击性是爱的一部分。（这时如果失去了攻击性，就会失去爱的能力，失去与客体建立关系的能力。）

关切的发展依赖于当从婴儿的角度来看，他能全能地感到自己与母亲融合到一起的时候，无情的自体能够被允许表达出来。那时他没有意识到自己的无情，他无情地爱着自己的母亲。

萌发出对客体、他人的关切，母亲的环境供给至关重要。

作为发展过程以及婴儿与客体"攻击性"关系的结果，客体才开始与婴儿分离开，客体才开始被客观地感知到。

七、独立学派的观点：
环境母亲先于客体母亲，环境母亲是分离的基础

温尼科特使用了两个术语："环境"母亲（"environment" mother）和"客体"母亲（"object" mother）。如果环境母亲给婴儿的照料足够好，那么婴儿就能够认识到他自己和妈妈是分离的。如果没能提供这样的照料，婴儿就会藏起或抑制自己的无情、贪婪、渴望和激情……然而这些都是健康和正常成长所需要的，对它们的压抑应该是它们健康存在之后的事情。母亲或养育者支持或促成这样的事情。

温尼科特提出的发展阶段是：

早期：整合前（pre-integration）/意图中没有关切（concern）。

中间期：整合/意图中带有关切/内疚。

完整的人：人际间的关系 / 三角情景 / 心理自主体（psychic agencies）间的冲突 / 意识和潜意识（弗洛伊德流派的理论）。

破坏性只有在自我有了足够的整合和组织，能够令愤怒充分存在时，才变成一种自我的责任，也因此有了对报复的恐惧。（p. 210）

恨意是很复杂的，所以不能认为在这些早期阶段就存在恨意。

运动性 / 活动需要找到对立面，例如用什么东西抵住……运动触碰到了对立或阻碍，在这样的交会里产生了觉察出客体外在属性的萌芽。攻击性的元素驱使个体产生了对"不是我"的需要，以及客体是外在的需要，也就是说，对分离的需要。

八、独立学派的观点：
如何理解内在世界与外在环境，如何理解真实感

"真实"的感觉来自基于躯体的运动性，但也会表征在心理的层面。

温尼科特说的关切的阶段和克莱因的抑郁心位有些相似。婴儿开始意识到自己的行动有后果，也感到了内疚，最终这个内疚会把攻击性转换成社会性的功能（修复）。

内在世界的发展……它如何连接到"不是我"这一点？这来自个体的运动，还是来自对侵害的反应？

儿童处理自己内在世界的方式可以用来解释他的攻击性行为以及他如何理解攻击性。人格组织的程度；对攻击者的认同；把坏的成分储存起来供之后使用。

为了容忍所有的这些情况，一个人可能会感到自己的内在现实会体现出

巨大的人类困难。健康的情况是个体创造/发现了环境。

如果环境对婴儿产生了侵害，婴儿的反应可能是或多或少的生病，或是以一种次级的方式将攻击性和力比多的融合性欲化——即施虐或受虐……

这回到了对独立分析师而言非常重要的问题上：个体如何感觉真实。我们如何理解那些只有在破坏、无情、没有关切的时候才会感觉真实的个体。

对侵害的反应可能会带来不同的结果。

缺乏个人的冲动性，之所以缺乏，是因为缺乏本我和原始运动性的融合，于是婴儿不能以一种真实的方式生活……结果可能是虚假自体（false self）的发展，或者需要让环境持续地对立（反社会的倾向）。这两类都关乎发展和攻击性的情况，而攻击性和发展都是温尼科特重点论述的话题。

九、独立学派的观点：对于心理发展的进一步辨析

基于我们如何理解婴儿，婴儿如何开始知道外在现实，并且能够从中获益，有能力"利用"外在现实，这会对我们如何理解治疗中的各种形式的攻击性行为产生影响。从早期生活中的"环境-个体组合"的矛盾同一体（Winnicott，1952a，p.99）出发，婴儿发展的成就包括成为分离的个体、具有"发现"这个世界以及发现除了自己之外还有其他人的能力。温尼科特强调这些步骤依托于母婴二人关系，而不是想当然就出现的。

"主观客体"的时期也是原始创造性的时期，具有全能的幻觉，温尼科特把这称作"客体关联（object-relating）"。"客体关联"一般来说指的是一个人与客体不同、和客体分开，但温尼科特用它指代之前的阶段，客体只作为"一些投射的集合"而存在着。这里对"投射"这个术语有着让人困惑的双重使用，是一种虽然非常原始的，但仍然存在的对分离的觉察。投射在主观客体阶段指的是"在情绪和客体之间区分不清的状态"，对客体的体验存在于婴儿的情绪感受之内，感到"存在于主体-客体的混合体当中"，"关联"这个

词真正的意思是和客体"处于一种特定的情绪状态里"（Scarfone，2005）。

之后，是"我"开始出现的阶段，它跟随在客体关联的阶段之后，这时候才使用上了投射的传统用法，也就是把自己不想要的东西排除到别人那里去。"认同"这个英文单词还有"识别"的含义。在"客体关联"的状态里，婴儿和客体没有区分，体验是融为一体、完全相等的。客体不是一个被赋予了一些特点的他人，而代表的是婴儿体验到的情感的品质，比如说愉悦或痛苦，而且是一种没有区分的状态。

当"我"的感觉从没有区分的阶段萌发出来后，"使用客体"的阶段就到来了。这是基于幼儿发展过程中环境供给而获得的成就。

十、独立学派的观点："存活"的概念

对温尼科特来说，"破坏"和"存活"是一个复杂的过程。

原始的驱力涉及力比多和攻击性的结合，而且只有当"和现实原则相遇，产生攻击性的反应"的时候，才会开始有对外在现实的理解和接纳，并且由此启动分离的过程。

通过前同情的关联，婴儿在幻想中"破坏"自己的妈妈。

客体的外在属性是通过客体（妈妈）在婴儿的"攻击"下存活下来而被创造出来的。婴儿在最开始通过全能感在幻想中创造出妈妈之后，妈妈存活下去的能力能让婴儿在世界里发现她。这样的变化意味着主体会破坏客体……而客体存活下去了，这时候幻想就开始了。什么被破坏了，又让什么成为可能？妈妈"不反击的存在（non-retaliatory presence）"让宝宝发现他自己的全能感是有限的，因此他对"我"和"你"的感觉开始萌芽。通过发现妈妈（其他人）的他者（otherness）的属性，儿童发现了他自身的他者属性、分离的属性，随后发现妈妈能够被自己利用，还会开始对妈妈自身的权利产生兴趣。

世界作为他者，成为充满可能性、可供利用的资源。

婴儿在主体间性的领域逐步发展的自我省映的能力会带来内在结果。这就是意识和潜意识出现分化的时刻……破坏性的方面变成潜意识，并且继续在幻想中作为持续的背景存在下去……

什么使得婴儿/病人能够利用客体？是客体的存活。

温尼科特假设，婴儿，随后是成人，会持续地在潜意识幻想中"破坏"主观客体，压抑以及逐步开始的潜意识冲突都极大丰富了成长中的个体的内在生活。这样的过程既属于心灵内部，也属于人际之间。

母亲回应婴儿"攻击性袭击"的方式至关重要。存活下来意味着不去反击，而是一直在那里，真实并且情感上可获得。一个抑郁的或愤怒的母亲可能会发现这非常困难。只有基于以上条件，当真正的分离出现了，幼儿才开始具备"关切"的能力。

这样的理念给精神分析技术以及精神分析目标带来了重大的影响。和一个不能"客观地"参与到外在现实中的病人工作，分析师的任务是在移情里重现出的原来的错误情景中存活下来，而这个发展阶段乃是病人先前没有达成的。通过在分析的新情景中的重复，病人从把分析师当成主观客体——即没有病人那么治疗师也就不存在的境况，转变成能够将分析师放到/发现并且承认分析师在外在世界中确实存在的位置上。分析师可以被体验成具有一些其他属性的资源，而不是被个体的全能幻觉所创造出来的。

第八章

梦、创造性与玩耍

一、梦

弗洛伊德认为《梦的解析》(*The Interpretation of Dreams*，1901)是揭示潜意识精神运作机制的里程碑，他认为对梦的解释工作是"理解心灵潜意识活动的康庄大道"(1900，p. 608)。

他对梦的研究孕育出心灵的第一个模型，通过定义潜意识、前意识和意识的系统，区分出精神内部的不同部分。

梦的构成结构非常重要，因为它和任何其他心理功能运作的形式都不相同。梦和其他症状表达的区别在于"病人没有其他的产物能够比得上梦，能如此有规律地出现，并且将心灵的潜意识力量如此形象化地揭露出来"。对梦的解释可以揭示出"不光隐藏了什么，还有如何藏起来以及为什么要藏起来"。

梦是个体心灵体验中的一环。分析在报告梦之前、期间或之后的自由联想使我们和病人得知，隐匿在梦呈现出来的内容背后的梦的思考（dream thoughts）是什么。在那些意义看似明显的案例中更是如此。

潜意识功能运作的初级过程，是通过浓缩、转向反面、扭曲、置换、次级修正等机制发挥作用的，这些全都是梦的工作（dream work）的特别属性。和对梦进行的讨论、分析和解释所用的时间长度相比，这些特质展现出梦本身的精练和紧密。

梦的工作的过程依靠两套语言：图像化的梦的思考（dream thoughts），以及随后需要将它们翻译成口头语言，这样梦才能够被描述和交流。这两方面，加上把梦的产物看作一个整体的观念，强调了梦的工作的创造性，以及捡拾、拼凑起白天的残留和无穷无尽的种种琐事，在面向做梦者、面向分析师时体现出的沟通能力。在形成梦的潜意识工作中，心灵可以从一生的名目或元素里收集材料。

愿望达成是首先、也是最重要的事情，其次是掌控感。在晚年，弗洛伊德修正了他说做梦的唯一原因——一个满足婴儿式愿望的创造性过程——的论述。他发现了强迫性重复（《超越快乐原则》，*Beyond the Pleasure Principle*，1920），这令他需要去论述创伤性质的梦。这些梦的动机性力量不是婴儿期被压抑的愿望，而是试图去掌控过去的创伤以及相关的焦虑感，它们常常被表达出来，而且需要被修通。

梦和其他的精神神经症症状相似，表达的都是一种实现潜意识愿望的尝试，但是梦有它自己的独特属性，那就是它是与睡觉联系在一起的心理活动。在前意识和潜意识之间存在着所谓的"梦的审查机制"，这是导致梦境扭曲以及把梦忘掉的原因。睡眠和清醒的一个主要区别就在于令潜意识元素受到审查的阻抗。阻抗在夜晚会失去一部分力量。

我们通常能记住的梦都是片段化的，但是梦的扭曲和次级修正也不是随意而为。如果病人能够完全记住他的梦的内容，我们反倒应该怀疑这样完全把梦记住可能是一种防御。面对梦、与梦做工作需要分析师留意会谈中的情感共鸣以及病人存在的方式。做梦者的自由联想是核心，因为只有这些自由联想能够揭示出做梦者内在叙事的潜意识编织，这些潜意识的编织和梦的内容会有很大的不同。

当代的精神分析实践对梦有着非常多样的工作取向，但是出于本章的目的，我想强调梦中包含的创造性。梦是病人的创造；正因如此，它可以作为做梦者的资源，也可以作为分析者和被分析者的资源，来对梦做工作。病人的创造通过分析者和被分析者的合作工作产生更进一步的意义，但是这取决于移情关系的状态及病人的类型。以上的情况也不一定总会发生。

对于独立学派的分析师而言，必须要尊重病人的梦（创造），不可以通过提供确定性的解释将梦据为己有。分析师在干预的时候应该避免表现得她似乎是一个什么都知道、什么都懂的人，因为首要的是，这是病人的梦。这和弗洛伊德在向他的病人解释和阐述时强调的方面极为不同，他也使用了病人的自由联想，但是他对梦的分析交互性很少。

当我最无趣和克制的病人把一个梦带进会谈的时候，我常常会为会谈动力的变化感到无比惊讶。气氛渐渐改变，有一种我们正在一起为某件事情上工作着的感觉，这样的会谈比平常有了更多的交流。有时他甚至都像是在享受这次会谈，发现和我在他的梦上面做工作是值得的！走进一个梦似乎让他能够和我工作，如同我们在分析中是一对伙伴，然而通常情况下他的分析的特征是他不愿意分享，分享是一件总是让他感到很困难的事情。这个病人想要自己完成所有事情，他发现与他人一起工作、从他人那里学习是丢人和耻辱的。意识到自己不可能独自了解所有事情，这让他感到低落，然后他想象别人——在这个场景下就是我——他的分析师，会抢走他还拥有的那些东西。对这个男人来说，和另一个人一同工作意味着丧失独自做事的可能性。所以和他通常的存在方式相比，他可以在梦上面和我工作的能力，以及他在这上面的投入真的非常有意思，这样的对比也非常令人震惊。

当今的分析师可能也会解释梦中表征出的做梦者的情感状态和他们当下的客体关系，所以梦是把感受收集到一起的一种浓缩的形式，这些感受是片段化的、困惑的、使人困扰的,是一些病人不愿意或没法说出来的东西。

如果梦被看成病人心理状态的重要信息源,以及一种将这种内在浓缩分享出来的方式,那么它捕捉到的尤其是移情关系以及分析所做的工作。如果病人感到自己被暴露了,那么他会感到非常痛苦。

梦作为病人的创造,同样包括病人与自身的交流,呈现出的是尚没有变成意识、但以梦的形式、通过梦的工作而具现化的潜意识。

正如我之前提到的,进一步共同创造出一些东西的可能性取决于分析关系的状态。如果有一种相互性、合作性的感觉,一起对梦做工作会是令分析师和被分析者都能感到满意的体验。当病人感到分析师的解释或分析师提供的东西是一种侵入的时候,或者分析师表现出高人一等,就好像她是那个掌握知识的人的时候,或是分析师因为自己的原因而想要得到病人的梦的时候,分析师需要识别出这些感觉,并且决定要提出什么内容和她的病人探讨,以及提出的方式。这需要分析师仔细地倾听和响应。这里又再次强调了在分析会谈中情感的作用,以及分析师对病人反应的专注程度。

二、创造性

在《梦的分析》(*Dream Analysis*,Sharpe,1937)中,艾拉·夏普对梦的理论的核心贡献是,她阐述梦利用了她称之为抒情诗的"诗歌措辞",这些手法(隐喻、明喻、拟声、压头韵等)赋予诗歌召唤的能力。为了更广泛地探索创造性的起源,她引用了西班牙北部的早期洞穴画上展示的动物和人类的仪式性的舞蹈,有些作为猎人;而另一些戴着动物的面具,作为猎物。这些通过舞蹈、游戏以及信仰活动所表达的仪式化的模仿和梦的过程有着平行关联,她强调梦属于各种创造性过程中的一种。此外,夏普看到这些仪式性舞蹈魔幻般的行为里面蕴含着"成为"动物的意思,通过一种全能的方式,来克服人类面临危险和威胁时的无力感,她对升华的理论做出了贡献,也对情感状态的象征性理解做出了贡献。

从弗洛伊德对癔症的早期工作和他理解癔症症状为力比多冲突的表征起，精神分析维持着对人类通过象征性结构和形态用一件事情代表另一件事情的能力的一贯兴趣。关心象征化的不同形式、象征本身，以及它们使人类主体能够达成什么，这是所有精神分析理论的核心。

玛丽安·米尔纳是英国另一位独立学派的分析师，在她的论文《幻觉在象征形成中的作用》(*The Role of Illusion in Symbol Formation*，为祝贺梅兰妮·克莱因70岁生日而写)中，她描述了婴儿与原初客体初次建立的关系，并且只有在这之后，才能发展出"两人"的感觉。为了能发展出与客体的关系，认识到这个世界存在于自体之外，而不是被自体创造出来的，这个发展中的人类（和母亲在一起的婴儿或是在分析中的儿童）需要被允许以及他/她自己允许自己有与他人以一体的形式在一起的幻觉。然而，

> "如果受到没有满足的需要带来的压力，儿童不得不过早地或过于连续地觉察到他自己的分离的个体属性，那么一种情况是聚为一体的幻觉将会成为斯科特所说的灾难性的混乱，而不是无边的幸福；另一种情况则是幻觉被放弃掉，将会开始早熟的自我发展（ego-development）"（1987，p. 101）。

米尔纳通过逐渐处理她和西蒙———一个11岁男孩——的长程分析中强烈的负面反移情感受，发展出她关于一体和两人的想法。西蒙一直把分析师当成自己的一小部分，比如他的屁或他的粪便。米尔纳一遍又一遍地允许他体验这样的幻觉，让西蒙把她当成自己的一部分，接受他对她的所作所为。随着时间的进展，也通过她解释他的内在和外在客体，西蒙开始能够放弃他的全能感，认识到她是一个独立的存在。米尔纳认为她的病人对她的使用是：

> 可能并不仅仅是一种防御性的退行，而是关键性地重新经历这个男孩逐渐开始接受由我代表的外在客体有为其自身而存在下

去的权利。(Milner，1987，p. 104)

这些观察说明了她的建构基于琼斯关于象征化发展的观点，即婴儿有要和现实建立关系的需要。

相反地，克莱因的象征化的概念强调个体出于恐惧而去寻找替代品，强调丧失原初客体。米尔纳修改了关于象征形成的理念，集中在它是对感觉状态的表征这一点上。她将身体的象征化扩展，让它包含呼吸、睡眠、运动、歌曲、言谈和舞蹈。通过潜意识地将身体作为灵活的媒介来使用，通过玩耍，通过使用玩具以及分析师，儿童逐渐开始和真实的世界有了关系。

米尔纳提出，婴儿对身体的探索是一个人探索自己内在空间的能力的原型。这呼应了之后的一位独立学派的分析师——哈罗德·斯图尔特——的论述：口腔、舌头、乳头、手、直肠、母亲的臂弯以及"和母亲分开的能力，是体验内在空间的能力的躯体起源"(Stewart，1985，p. 53)。

具有生机，并且将生命过得丰盈的能力是如何发展以及维持的，它又如何在我们的生命历程中被提取使用，这是独立学派的核心议题。这源自自体的建立，以及在这个过程中早期过渡现象具有的地位，还有个体生命全程中过渡空间作为一种资源的持续可获得性。温尼科特提出和精神分析相关的一件事情是，一个人在哪里会感觉安然，像是在家里，这种与自己待在一起时如同待在家里的能力是从哪里起源的，以及这在健康生活中的核心地位。

三、玩耍（游戏）

创造性、生命活力和玩耍将个体和内在个人现实的关系，以及这二者与外在或共享现实的关系联结在一起。玩耍与特定的心灵状态、自体以及心灵和自体的关系有关。玩耍发生在体验的中间区域里，并且有能够在"那里"停留的可能性。一个人能够在那里（因此也就是别处）玩耍的可能性起源于儿童和母亲之间的潜在空间，这个潜在空间来自"当产生的经验令孩子高度确信，如果突然需要母亲了，她不会不出现"。这样的过程始于这个基于经验被创造出来的空间——最初是幻觉的空间——令一个人能够创造性地生活下去，参与并且利用人们松散地称之为"文化"的领域，精神分析的参与中，则是"一种高度专化的玩耍形式，服务于一个人与自己及他人的交流"。（Winnicott）

对生活以及有生机的能力的强调至关重要，再加上相信剥夺不仅仅是缺乏真实资源的问题，还是和不断创造新的客体以供使用和生活的能力有关的问题，这不断创造新客体的能力让我们能够在生命历程中使用内在资源。通过"抱持"这一形式的早期照料，身体的感受有了整合，这是一个基础，心理健康和感觉真实或不真实之间的联结是随后专业供给或照料的焦点。

创造性对独立学派而言如同一种人类的潜能及其实现的可能。这样的潜能在生命的头几周里就通过母亲/养育者和婴儿之间相互的投入而表达了出来。这样的潜能可以在生活中透过温尼科特所讲的真实自体（true self）而被提取和扩展。在真实自体中，一个人能够感觉到真实。他和我们都关心那些潜能没有得到实现的人，我们如何以及在多大程度上，能够通过分析性的关系（并非唯一的方式）来培养潜能。

过渡客体的样貌以及它被投注的重要程度和以下因素有关：与母亲的关系、对自体和他人最初的感知以及它所引起的分离。对过渡客体的兴趣体现出婴儿想象性地停留在内在现实与外在现实之间的中间区域里，这具有发展以及象征层面的意义。前期对母亲的内化会使婴儿对他自己和母亲之外的客体产生兴趣，这一过程既是可行的，又是必要的。关键之处并不在于它作为真实客体的外在属性，比如说泰迪熊，而在于让儿童有能力去使用它的内在过程。

玩耍（play）和玩起来（playing）扩展了分析性工作中所发生的事情的范畴。玩起来的普遍意义在于，在时空的连续维度中作为一种创造性的体验。

它发生在儿童发展过程中所形成的过渡空间里，通过过渡空间，儿童开始在心理上以及身体上和外在世界的客体产生关联。对于温尼科特而言，达成栖居在过渡空间的能力，并且在随后可以玩耍，以及更往后去做梦，涉及幻觉和去幻觉的过程，这构成了母子关系的基础。玩耍在温尼科特的使用下包含了与自己的关系，以及对自己的照料。这是一种好好生活的形式（Winnicott，1971a:50）。

这也是分析的一种特别的取向。根据格林（Green，1986）的说法，温尼科特把精神分析看成为病人持续的自我分析所做的准备。对"玩耍"以及更进一步的"玩起来"的理解扩展了对会谈室内发生的事情的理解。这令分析性工作从此有了非常根本性的调整，玩耍的能力成了能够深入地参与到分析过程中，并且能够利用、享受这个世界中的艺术以及平常世界和其中的快乐的条件。

成熟的玩耍的能力和躯体运动类的游戏不同，它取决于将现实与幻想、过去和现在区分开来的能力，并且把快乐的控制权交给创造性的想象力，既不妄想，也不刻板。病人表现出局限和匮乏，是非常早期过程中的问题导致的病理性结果，在严格意义上的分析能够开始之前，他们需要首先学习如何玩耍。

第九章

反移情

会谈室中爱和恨的位置在哪里？它和攻击性的关系，以及它在人类发展中的地位是什么？临床工作者该如何回应病人？与不同类型的病人相处，带来不一样的体验，这产生了哪些技术上的议题？

独立学派分析师在反移情的论题上做出了独特的贡献，甚至在大论战（Controversial discussions）之前，那些之后成为中间群体、随后是独立学派的领军人物的英国分析师们就已经在考虑这些问题了，在本章我会提到他们中的一些人。

一、一些前人的观点

在大论战开始之前，已经有人间接地强调分析师自己的情感体验了，玛乔里·布莱尔利（Marjorie Brierley）定义移情关系是一种"情感关系"。她指出了分析师协调融洽（rapport）、共情他/她自己情感状态的能力的重要性。布莱尔利认为，需要在分析师的潜意识共情与推断的能力，和会干扰到分析进程的分析师个人的潜意识之间划清界限。布莱尔利写道，移情情感是分析师的线索，跟随它能让分析师保持与病人的接触。除了少数例外情况，病人带着对自己感受的不满来见我们，而他们会通过自己感受的变化以及更好地应对这些感受的能力的变化来评价分析的进展。我们寻求的超我修正（super-ego modification）是通过对感受加以工作而产生的，这使病人能够"再次感受"她对内部客体的原始感受。布莱尔利声称：

……如果分析师和病人之间没有建立起那种神秘的情感联结，就是我们叫"融洽（rapport）"的东西，那么分析师的工作就无法推进。我们必须理性地解释情感，但是只有当我们用"共情"与他们建立起直接的联结之后才能做到这一点。只有通过共情，我们才能够确定病人的感受是什么。在我的想法里，共情、真正的心灵感应，对于可靠的分析而言必不可少（Brierley, 1937, p. 266-267）。

费伦齐（Ferenczi）和匈牙利学派从 20 世纪 20 年代开始关注分析师对病人的情感反应，他的被分析者——迈克尔·巴林特——是最早讨论反移情现象的作者之一。在《情绪的移情》（*On Transference of Emotions*，1933/1952c）中，巴林特将反移情等同为分析师自己对病人的移情。六年之后，在《论移情与反移情》（*On Transference and Counter-Transference*，1939）中，他将分析性场景中所有揭示出分析师的人格特质的事情都包含了进来。在《改变精神分析的治疗性目标和技术》（*Changing Therapeutical Aims and Techniques in Psychoanalysis*，1949/1952g）中，他认为反移情意味着分析师面对病人时的整体的分析性行为和专业态度。最后的这篇论文尤其强调巴林特的信念，即精神分析的最重要的领域之一是探究分析性场景里分析师的行为，以及这些行为在创造、维持这个场景方面的贡献。通过这一点，他指出了这个场景中三个相互关联的因素。首先，每个特定的分析师都有自己的分析性语言，他用来构造自己解释的一系列技术术语、概念、模型以及参考框架。其次，是分析师在情感张力唤起方面的行为,这里要考虑到需要有一定的焦虑感和满足感来让这个张力维持在理想水平上。最后,他提出要创造一种合适的氛围,使病人能够尽己所能地去表达、揭示自己。

只有在保拉·海曼于 1949 年向国际精神分析协会大会提交了《论反移情》(*On countertransference*,1950 年出版)的论文之后,人们对反移情现象才有了更广泛的关注。她脱离了弗洛伊德希望分析师能够中立、克服他/她的反移情的想法,也标志着她脱离了克莱因,确立成为一名独立(中间学派)分析师。在此之前,为了符合弗洛伊德在《论技术》(*On technique*,1910,1915)这篇论文中的观点,分析师的反移情总的来说被视为分析工作的障碍,体现出分析师未被充分分析的方面。

艾拉·夏普也为这个领域做出了独特的早期贡献,她认为分析过程需要分析师处在"与他/她自己的感受进行深刻对话"的状态中。她对病人内在情感体验的投入与好奇强调出,是分析师和病人之间的情感联系为分析性关系带来了生命力。

夏普描述了一种特定的接受性作为获得分析性技术的基本特质(Whelan,2000)。她将病人的焦虑和恐惧注记为一种"直觉性的感受",通过探索自己的感受,抽取出反移情(比保拉·海曼提出将它用作探究的工具的理念早很多年)。因此,在 1927 年,夏普就在论文中阐述了当她和一个青春期少女工作时,她对治疗中自己产生的感受所进行的细致检验:

> 在这一个小时之后我开始体验到一种不舒适的感受。我发现自己在质疑,如此直接、如此早地解释她象征性的自慰是否明智。我的不舒适令我有必要去观察我自己的心灵。(Sharpe,1927,p. 382)

另一些扩展这一认识领域的人们包括尼娜·柯尔塔特(Nina Coltart),她的工作包括对无法思考加以思考,以及提出了病人与分析师之间的"未知

（not knowing）"的概念来更好地理解精神分析工作。还有内维尔·赛明顿（Neville Symington），他关注的焦点在于分析师的自由与自发性的重要作用，以及他在互动参与的分析性工作中"行动的自由"。

二、保拉·海曼的《论反移情》

在《论反移情》中，保拉·海曼开辟了一片新领域，她将分析师的情感反应看成是有帮助的工具。她提出需要对分析性场景下分析师如何使用感受做进一步的变革，认为那是理解病人的有用途径，而非分析师的困扰的指示剂。她在论文中写道，"分析师的反移情不仅是分析关系中的一部分，它还是病人的创造物，是病人人格的一部分"（Heimann，1950，p. 83）。这给当代许多不同流派下的分析师实践时采用的临床技术带来了根本性的转变。保拉·海曼使用感受去探索病人潜意识的存在或表现，这建立在弗洛伊德先锋理念之下，那就是一个人的潜意识可以与另一个人的潜意识进行沟通，而不被他们二人的意识所知晓[1]。她提出：

"我们的基本假设是分析师对病人有着潜意识的理解"（Heimann，1950，pp. 82）。

不仅是梦、口误或者自由联想叙述中浮现出来的模式，可以令分析配对接触到病人的潜意识，分析师的感觉和反应也可以得到监视，用来探究病人的体验，因为分析师和病人之间潜意识的深度融洽"会随着分析师注意到自己对病人的回应而以感受的形式浮出水面"。（Heimann，1950，p. 82）

---

[1] "有一件非常值得注意的事情，那就是一个人的潜意识可以对另一个人进行反应，而不需要经过意识……就描述而言，这样的事实是无可争辩的"（西格蒙德·弗洛伊德，1915b，p. 194）。

尽管海曼自己在论文中提出了其中的危险，即分析师可能会自认为自己已有足够的分析，不会"把本来属于自己的东西强加到病人身上"（Heimann，1950，p. 83），但这还不是唯一的重大陷阱。

> 当分析师在自己的分析中修通了他的婴儿期冲突和焦虑（偏执性的或抑郁性的）之后，他就可以更容易地和自己的潜意识建立联系，他将会实现一个可靠的精神均衡的状态，这让他能够承担病人的本我、自我、超我以及病人指派给他的外在客体的种种角色……当病人在分析性关系里将他的冲突演化出来的时候，会将这些投射给分析师（Heimann，1950，p. 83）。

但是分析师必须警惕那种我们能够永远理解自己的潜意识或病人的潜意识的念头，或者我们可以随心所欲地和自己的潜意识建立联结的想法。

海曼强调，分析"是两个人之间的一段关系"（1950，p. 81），将分析性关系和其他关系区分开的是"体验感受的深度以及使用它们的方式、这些因素之间的相互依存"（1950，pp. 81-82）。她还提出不是病人对分析师的所有感受都是移情，随着分析的进展，病人开始渐渐能够有更多"真实的感受"。这样的理念，被随后的独立学派分析师采纳（Klauber，1986；Kennedy，2007），进一步引申出分析师的人的属性，这是和把分析师阐释成空白屏幕（海曼在任何情境下都不赞同弗洛伊德的这个技术）相比，另一个工作范式方面的长足进展。

三、唐纳德·温尼科特的两篇文献

在 1947 年完成、1949 年发表的《反移情中的恨》（*Hate in the Counter transference*）中，以及 1959 年完成、1960 年发表的《反移情》（*Counter Transference*）中，温尼科特为这个领域提供了两种不同的论述，尽管《反移情中的恨》不算是对反移情的扩展讨论。温尼科特本人认为《反移情中的恨》主要是关于恨意，以及爱意与恨意在早期发展中的整合（这是梅兰妮·克莱因的模型中的核心领域，但温尼科特的理论取向与之非常不同）。但这两篇论文都强调了与病人在一起时的体验，一个受过训练的分析师或治疗师会将什么带入场景中，以及什么可能会干扰治疗的进程。

在1959年的论文《反移情》里，温尼科特从移情开始论述，把移情作为任何关于反移情的讨论的基础。

> 移情不仅关乎融洽或关系，它涉及的是一种高度主观性的现象在分析中重复出现的方式。精神分析的构成基本上都是在创造条件让这样的现象得以发展，并且在合适的时机解释这样的现象。解释联系着特定的移情现象，这一现象关乎病人精神现实中的一部分，并且在有些案例里也意味着同时关联着病人过去生活的一部分。（1960）

温尼科特称为"完全客观的反移情，或如果这样太难的话，则是分析师基于客观观察，对病人实际人格和行为的反应中的爱与恨"包括：

1. 分析师对病人的人格和行为做出的反应。
2. 分析师能够客观地观察这些行为和人格的能力。

在和特定类型的病人工作时，这两方面显得至关重要，这些病人会激起分析师强烈的情感，对他们的分析师要求很多。这些人包括精神病性的病人、边缘型的病人、有反社会倾向的病人和需要退行的病人。在这些案例里面，分析性关系的双方都被卷入到病人所要求的情感和场景中去。这些病人的病理学原因往往源自他们没有一个足够好的开端，所以他们会要求分析师"提供这些环境性的关键因素"，也就是那些原先不存在的东西。这样的要求必须得到活现和体验，否则无法开展任何分析性的工作。这些病人会唤起强烈的情感，尤其是令那些治疗他们的人产生恨意。经典的精神分析技术面临的严重挑战是准确地贴近他们不同的需要，因为这些感受和反应本身也具备相当不同的性质。

分析师必须要决定如何回应这些强烈的情感要求，并且能够在回应的时候不失去温尼科特所称的"专业的态度"。

　　在病人和分析师之间是分析师的专业态度，他的技术，他头脑中进行的工作。

和这一类的病人在一起时的专业态度可能和与神经症病人在一起时的专业态度不一样。

神经症病人的分析师通常会将这些现象看成理所应当的，并在受训的过程中，分析师已在他自己的分析里面对了自己潜意识中的恨意。

但是在这些更困难的案例里面，分析师在工作室里对他实际的病人的客观的恨意需要被特别留意，而这一点尤其在《反移情中的恨》里被指了出来，因为这些恨意源自与这些病人的工作，而这些病人原本不是精神分析的对象。他们不像神经症病人那样有一个整合的精神结构，依此也有一个足够好的早年环境，对于这些病人，这些东西都不能被当成是理所应当的。这对经典技术和分析性治疗的目标提出了挑战，分析师对他病人的恨意应该被如何处理？应该如何被阐述？

当分析师面对那些被病人唤起、来自病人的强烈负面感受时，维持"客观"就包括去尝试容纳、理解被病人所唤起的那股力道强大的恨意的体验。分析师需要找到一些情绪资源，让自己不被自己猛烈的情感反应所淹没。这包括有效地令自我产生分裂，使分析师能够进行必要的内部工作，让他能够忍受与这样的病人同在一起的体验，同时继续加以思考。

分析师的挑战在于维持分析性的态度，包括当治疗有严重困扰的病人，面对强烈的挑衅时不去报复。温尼科特将这一点联系到母亲的任务上，要去忍受她对宝宝的恨意，不会表达出来，"不会让孩子付出代价"。

在《反移情》中，温尼科特讨论的是那些会施加压力以期"彻底改变分析师态度"（Winnicott，1960）的病人，不过他更关心的是精神分析是否能够治疗这些人。"尽管精神分析有些时候可能会是有帮助的辅助，但是最好用其他方式来对待这些病人。"（Winnicott，1960）

四、珀尔·金和依妮德·巴林特

珀尔·金将反移情重新定义为分析师对与病人沟通形成的情感反应，这拓宽了反移情的领域，把分析师的正常人类反应以及分析师自身的情感状态也包括在内。她论证道，分析性场景允许母亲和婴儿早期互动中的各种不同版本在移情中被重新制造出来。在这一领域中，分析性工作所面临的挑战已经被费伦齐强调，他研究了分析师对病人的移情进行反应时病人的敏感性，比如分析师的沉默、不活跃、缺乏兴趣。随后的独立学派分析师强调"容忍反移情"，以及通过觉察分析师自己的意识和潜意识贡献而对它加以利用的重要性。这些发展和依妮德·巴林特指出的分析师需要"就待在那里"的重要性有着平行关联。依妮德·巴林特的论述《分析师镜映的功能和角色》（*The Analyst's Mirroring Function and Role*）和《论放空自己》（*On being Empty of Oneself*），影响了独立学派对于反移情工作的思考。

珀尔·金在对1977年于耶路撒冷举办的国际精神分析大会的描述里，饶有兴趣地提到了没有哪个大会发言人（四位）能够不提分析师而单独论述情感。这印证了从一人心理学到二人心理学（这是她本人的分析师约翰·里克曼的定义）的决定性的变迁。

由于温尼科特和鲍尔比对婴儿和儿童的工作，对情感发展中母亲的角色的研究有了很大的进展。他们和金都"强调母亲对孩子情感响应的重要性，以及相应的，儿童对母亲精神病理问题的易感性"（King，1978，p. 329）。

认识到情感在所有分析中的重要性，金更加感兴趣的议题是这对分析性技术的启示，以及如何去理解那些前语言期的体验中带有创伤性质的病人（其中一部分的原因是来自有困扰的家长的情感反应）。她强调，让病人感到痛苦的是那些伴随着对创伤和潜意识幻想的觉察而出现的情感，而不是那些认识本身。分析师需要发掘的不仅仅是病人对过去形象的情感的本质（通过移情），更为关键的一点是，要发掘病人感到那些过去的形象对他/她的情感是什么。金提出，分析师"只有通过仔细地检查在和病人沟通时自己的情感反应"，才能做到这一点。

和海曼一样，金也区分了病理性的反移情和"分析师的感受和情绪的感知，并且与他的个人生活无关，甚至可能感到与他正常的反应方式有差异"。她把这定义成分析师的"情感反应"。她同样认可病人和分析师之间的人类关系，而不再假定病人向分析师传递的任何东西都和移情直接相关。金阐明了分析师忍受投射进来的情感时的困难，尤其是当这些情感或角色和分析师愿意看到的自己不一致的时候。比如说，一个分析师要去忍受自己"作为"一个婴儿的家长，而这个婴儿遭受着创伤性的分离、早期母亲或父亲的失败带来的痛苦，那会是一件多么费力的事情。

通过分析让病人从家长的病理性问题中解脱，还有一些特别的挑战，比如有些案例里面家长潜意识地"在他们的孩子还不能在精神上保护自己的时候，就利用孩子作为他们自己的延伸，并且把他们当成投射自己不想要的部分的接收器"（King，1978，p. 332）。

为了理解这样的病人，金需要识别出的不仅包括在移情中、安放在她身上的失败的家长的角色（以及病人对此的所有感受），还要通过她和病人在一起时自己的情感反应，发现病人如何将角色反转，迫使金进到病人的婴儿自体的那个位置上。需要注意的是，当病人的家长曾经有严重的困扰，病人"经常从他们的父母那里收到相互矛盾的线索"（King，1978，p. 332），因此他们会发现自己处在双重束缚当中，病人可能也会在分析中重现这一点。通过反转移情角色，以及相伴随的情感，金的病人潜意识地将她童年的情感困境传达到分析师那里，而这只有通过分析师对病人的情感反应才可接触到。

　　在一个生动的临床案例中，巴林特描述了她在和凯的工作中发展出来的理念，凯的母亲对自己母亲（凯的外婆）的丧失体验被否认和拒绝了，但又潜意识地传递给了凯，这使得凯生活在妈妈的灾难以及自己的灾难当中。通过她和病人相处时对自己情感反应的高度敏感性，以及在分析的头几年里对过程的感受，巴林特开始看到分析中的重复，这让她随后能够联想到凯和凯的妈妈之间曾经发生过什么。重申弗洛伊德的观点，她写道，"我开始思考病人潜意识心智的一部分在我这里重演了，却没有通过我或她意识层面的想法或感受。"（同前）巴林特开始概念化地把这样的投射当作她病人体内的一个"外来身体"，而且除非凯能够认同她的外婆，否则无法将这一点意识化。

　　反移情的领域以及对病人的情感反应，是许多当代精神分析工作的核心要素，也是独立学派的一项基础技术工具。

第十章

独立取向关于"性欲"的看法

提到英国客体关系流派，人们通常不会认为其主要的临床焦点在于性欲，以及性欲在人类问题和困扰中的地位上。比如说，在我和安吉拉·乔伊斯（Angela Joyce）为《阅读温尼科特》（*Reading Winnicott*）这一合集所选择的 14 篇温尼科特的论文里，性欲就很少被提到。这种明显的缺乏关注的现象乃是战后英国精神分析的一大特点，即其着重于早期婴儿发展和体验上。去思考为什么会这样是很有意思的。

与此同时，总的来讲，独立学派在讨论人类的主体性以及主体性的性欲根源时，实际上大量使用了弗洛伊德的理念，经常提供有关心理性欲发展不同阶段的临床材料，且在许多临床材料中都展现出了一种关注性欲的取向。

弗洛伊德学派的精神分析在看待发展和心理生活时，强调要把性欲放在非常重要的位置上，当然这里的性欲是个外延广阔的复杂概念……是一个持续发生的过程的心理精神产物。

英国学派的焦点在于客体关系，出于对与他人关系的重视，它强调了一系列和弗洛伊德不同的方面。因为弗洛伊德最初并不重视客体，他的焦点是驱力，因此弗洛伊德的关注点乃是单一躯体这一理念。

一、西格蒙德·弗洛伊德

我们简略地回顾一下弗洛伊德的观点。

弗洛伊德并不同意当时对性本能的惯常的心理学描述，即将其视为物种典型的预设行为，有着相对固着的对象（即异性的伴侣）和目标（在性交过程中性器官的结合）。

对于身处19世纪末的弗洛伊德来说，从他通过观察和临床实践所获得的事实来看，上述的论述并不充分。他在临床实践中遇到了各种各样的性对象的选择，且从客体和自体那里获得满足的活动类型也各有不同。这也是当下的临床学家会看到的现象。

比如说，对成年人症状的临床分析通常会发现，症状能回溯到童年期的愉悦的活动。它们只是在之后才变成了令人羞耻、恶心或被压抑的事情。

弗洛伊德把性欲和人类的心理生活联系在一起，并且认为性欲从生命之初便存在，尽管还不一定有清晰的意义。婴儿性欲以驱力的形式存在着，它并不只是和刺激以及生殖期的需要有关，而且还为其自身寻求满足感，任何一种形式或方法都有可能。

婴儿性欲涉及身体的某些部分，也就是性欲区，但它们不仅仅是满足性欲的区域：那些活动，比如吸吮手指，与其说是行使了某种生理功能，倒不如说是为了获得愉悦感。性欲涉及不同的发展阶段，口欲、肛欲、性器期，且它是自体指向以及他人指向的。

性欲遍及整个婴儿期，但是在婴儿期男孩和女孩还没有区别。两个性别性欲区的自体性欲（auto-erotic）和自慰行为是相同的。性的区别在随后的心理性欲发展阶段里才显现出来。

力比多是一种为自己运作的性的能量，并不顾及是否能实现任何功能性的快乐，也无所谓是否有外在客体的存在。不论发生在男人或女人身上，力比多总是带有一种男性的属性，这和它的客体或者它所寻找的快乐的类型无关。

女童的性欲具有完全的男性属性，也就是说，具有一种主动的特征。

本能/驱力总是主动的，就算当它有一个被动的目标时也是如此。从某种意义上来说，我们看不到任何纯粹的男性气质或纯粹的女性气质，所有的个体都呈现出两者混合的状态，其混合程度则取决于其历史。

在婴儿期，阴蒂完全等同于阴茎。只有通过一系列的压抑，才后天获得了女性化的气质；定义其女性气质的器官则是阴道。弗洛伊德认为一开始男孩和女孩是不知道阴道存在的，而克莱因相信男孩和女孩一开始就对阴道有一些认识。

男性气质和女性气质并存于童年期，但是只在青春发育期才剧烈地产生分化。

在1925年之前，人们持一种男孩和女孩平行发展的含糊论述，并且是以男孩为模板的。在1925年之后，关于男孩和女孩发展是非对称的理念逐渐清晰起来：即性别是在解剖学上相对但平等的。

心理上则更加的复杂。心理学特征和生理学特征并不一一对应，主动性和被动性也并不是某个性别的专属。不同社会对待生物性性别的方式都不相同，所以对社会性性别的讨论，以及社会性性别意味着什么显得很重要，并且也会因不同社会而有所不同。

俄狄浦斯情结的概念源于弗洛伊德的自我分析，也来自在临床工作中呈现出的对母亲的爱和对父亲的恨（反之亦然）。从最初的性诱理论到幻想理论的转变也很重要。弗洛伊德认为俄狄浦斯情结超越了历史和文化，是普遍的象征性结构，意味着儿童在三角结构中的位置。

二、独立学派

在《原初的爱》(*Primary Love*)中，巴林特使用了力比多的概念来描述原初客体之爱的最早状态，并使用力比多客体贯注的概念描述了个体的发展。他写道：

> 根据我的理论，个体一出生就处在和环境紧密相连的状态里，既是生理上的，也是力比多层面上的。在出生以前，自体和环境是和谐地"混合在一起"的，实际上，它们相互贯穿。在这个产前世界里，还没有出现客体，只有无限的物质或疆域。

就本能地生活在机体的主观精神体验中具有何种力量这一问题而言，温尼科特一贯秉持弗洛伊德的观点，尽管在婴儿性欲和驱力在自体的建立和人类发展过程中具有的地位及发生的时机上，他重新提出的观点十分激进。他识别出的原初的爱的冲动可以和驱力联系在一起，从而为人类生活和存在所固有的困难，尤其是那些涉及健康方面的困难奠定了持续的基础。

温尼科特提出，在性欲以及完整人所具备的关系这一领域内的问题，"在更大程度上属于健康的个体，而不是那些没有达到抑郁心位，因而也无法充分体验到关切之心的人。"（1988）

他声称，婴儿性欲的价值在于，弗洛伊德将其作为"描述本能生活的整个发展过程的起点"来使用（1988）；他还补充道："任何绕过这些问题的理论都是无益的"（1988）。而当他提出，不论原初场景多么令人困扰，但仍然是个体稳定性的基础时（1988），他便把这些一般意义上的论断推进得更远了。

为什么说原初场景是个体稳定性的基础？温尼科特的回答是，"因为这让个体有可能去梦想自己占据某一伴侣的所处位置"（p. 59）。也就是说，这是个体和他人相结合的一种象征性的表征，它（在现实中或在幻想中）呈现了这一可能性……

或许"占据某一伴侣的位置"让人产生的最为明显的联想就是竞争，但它不仅仅关于竞争。而是说，它是人类能共享的存在感的基础，这种共享的存在感乃是通过将驱力指向对方的方式源自性欲之中的。

这样的理念让分析工作在总体上更趋向于使用和发展弗洛伊德在《超越快乐原则》(1920)里面讨论的关于驱力的第二个模型,他提出了生本能和死本能的对立关系。当代精神分析对死本能抱有持续的关注,这体现在围绕其所产生的众多争论当中,但是温尼科特以及独立学派的分析师们更关注两极的另一端,即生本能。

弗洛伊德将生本能描述为"保存现有的关键联合,同时也构造包含新元素的联合"。正如拉普朗什(Laplanche)和彭大历斯(Pontalis)指出的,就性欲的显现形式而言,弗洛伊德在《精神分析纲要》(*Outline of Psychoanalysis*, 1938)中将其定义成一种达成联合的原则,而生本能也被理解成是一种结合的原则。"性欲(Eros)的目标是建立更大的联合体,并且保存它们,因此,简而言之就是结合在一起。"由此,在弗洛伊德的这个生本能和死本能的模型里,性本能成了生本能的一部分。温尼科特拾起了弗洛伊德本人对生本能所进行的扩充,这体现在他越来越有兴趣去关注有关"人性"和"健康"这样的宏大主题,以及对于人类而言二者和性欲的紧密联系上。

温尼科特对作为精神状态指征的躯体表现很感兴趣,这一兴趣和他某些论述有着密切的关系,例如婴儿如何成为一个人,以及需要提供何种条件才能让婴儿(以及长大成年后)能够接受并且能够和不可避免的内在冲突共存,这些内在冲突往往是由驱力的危险活动引起的。这便是生存以及得以持续正常生活所需要的条件。

温尼科特坚信婴儿性欲在情感发展以及精神病理的动力和病因方面都占据着核心地位,但是他同样坚信建立自体具有优先重要的地位,并认为自体是婴儿遭遇这些驱力以及这些驱力开始起作用的基础。他早年的论文《原始的情绪发展》(*Primitive Emotional Development*, Winnicott, 1945)特别强调了婴儿的本能,他将婴儿描述为充满了"本能的冲动和掠夺的意念",但论文也同样强调在其中的母亲的本能,即婴儿要求母亲能够"提供乳房,有能力产奶,并且愿意遭受一个饥饿的婴儿的袭击"(1945,p. 152)。有着本能活力的婴儿和有着本能活力的母亲相遇和结合在一起,这是自体性发展以及生命活力的前提条件。若对温尼科特而言,总体上来说自我发展和生命活力要优先于驱力的话,那么正是母亲和婴儿共同的渴望——在这一描述中这份渴望具有非常鲜明的躯体表征——才让生命活力得以实现。

文化维度,即外在世界及其意义,让这份渴望变成人类本质和人类困难的温床,它也在许多文章里以非常日常的语言一遍又一遍地呈现出来。

本能张力引发的波澜会从我们内部发起攻击,以不同的强度贯穿整个生命周期,它们会被"家长的性质、儿童在家庭中的位置以及其他所有能够影响、扰动我们所知的经典俄狄浦斯情结的图景的因素"(1986,p. 185)所定位和塑造。当儿童以及长大之后的成年人遭遇外在世界的客体的时候,所有这些内在–社会因素会再次定位驱力。

性欲根植于精神和躯体之中,植根于身体和心智之中,它被家族、个人以及社会关系所塑造,被我们与自己及他人相遇的这个环境所塑造;如果一切顺利,我们会在世界中找到一个位置,同时也能在内心感到可以安然地与自己待在一起,如同在家里。

三、三个片段

我选择了温尼科特晚期论文《女性主义》(*This feminism*,1964)中的两个案例,这篇论文可以在合集《家是我们出发的地方》(*Home is where we start from*,1986)中找到,我想用这两个案例来讨论人类生命中性欲的复杂性和它的核心地位。

在第一个案例中,温尼科特询问:

若一个男孩爱自己的父亲,但是他的父亲由于自己被压抑的同性恋倾向,在面对儿子的靠近时感到害羞、无法回应,这个男孩会怎样……要是这个男孩由于感到缺乏父爱，而且无法充分地恨他，从而导致这个男孩自身的异性恋倾向被限制，那又会发生什么？

第二个案例：
若一个男孩在家庭中的四个男孩里排行老三，他接收到了父母希望要个女孩的全部愿望，因此不论他的父母多么努力地去隐藏他们的失望，他都变得要去符合他们指定的角色，这个男孩会怎么样？（p. 185）

这两个例子以及许多类似的例子都将弗洛伊德和温尼科特的理论植根于这样一种环境中，即环境永远不仅仅是外在的，永远不可能少了精神层面的成分，而这些精神成分又被驱力以及从驱力中衍生出的并发状况（以及人生）所塑造。

将生物性别和性欲连在一起，构成了我们生命存在的基石。要是深入地讨论这些理论知识，并且将这些描述联系到病人的问题上面，恐怕需要专门举办一场研讨会。每种情况都展现出，自从我们最早的相遇体验起，任何年龄都需要去处理的，外在与内在世界以及它们持续的交集中产生的持续的冲突。

这些案例通过呈现日常经验中的性欲，以及阐明性欲对于儿童的重要性而引出了临床上的议题。但是它们也同样呈现出和家长的关系以及他们在潜意识中和自身性欲的关系在形成儿童的性冲动方面的重要性，还有最初作为儿童，然后在孩子成为成年人后如何在幻想和现实层面去体验、处理上述因素并且与其共存方面的重要性。因此性欲的跨代际传承的模型也会为这一取向提供线索。

《抱持与解释》中详尽的案例历史展示了如何使用解释来将焦点集中在俄

狄浦斯情结，以及集中在病人 A 先生持续发展出的和真实的人——其中第一个、也是最重要的那个就是他的分析师温尼科特——处理关系的能力上。他的材料里交织着明显的俄狄浦斯主题，比如说，他在青春期时发展出的一个有阴茎的女孩的幻想。阅读这个案例可以看到在早期情感体验和随后被它所塑造的俄狄浦斯图景之间的摆荡。

在 1955 年 5 月 9 日的一次会谈中，

病人说，"如果一个人知道自己会输，那么继续打斗下去就显得有些愚蠢了"。温尼科特说，"在你看来，只能从真实的打斗这个层面来谈这个主题。你还无法使用幻想或玩耍的视角。所以如果你和你父亲打斗的话，你只能想象到你们两人中的一个会真的死亡"。

温尼科特的这一段解释指向的是病人缺乏象征性标记能力的问题，并且间接地指出某种导致这一能力缺乏的匮乏状态。

A 先生随后谈到还剩 7 分钟治疗就结束了，并且描述了他如何回避结束，因为结束的感觉就像被中断的感觉。他将其描述为一种"输掉了或被扔出去"的感觉。

病人："我逐渐收尾，不再说什么了，然后你说时间到了。我提前做了准备，尽管如此，还是感觉到一种不快的惊讶感……我通常会对此保持沉默，但我感觉不舒服，中途被打断实在是非常困难。"

温尼科特："我知道'在中途被打断'的说法是个比喻，不过这是你能想到的最接近阉割概念的比喻了。我会说，这就好比你撒尿撒到一半时被制止那样，这让人想到三种不同程度的对抗：其一是完美，你唯一能做的也是变得完美；其二是你和你的对手彼此都杀死对方；还有其三，就是刚才被提出来的，两人当中有一人受了重伤。"

病人:"我同意撒尿撒了一半被制止的这个观点,这也和做爱到一半被打断非常相似。"

分析师随后将这次会谈的结束和开始联系在一起。温尼科特说:"所以我们又回到你用无能这个词来形容昨天的会谈结束后的感受。我想指出,你有关做爱被打断的这个念头,和你自己还是孩子时那股想要打断你父母在一起的冲动有关联。"

这个解释如此明确地聚焦于性欲的核心地位,很难想象其他的精神分析师的解释还能比它做得更明确,也很难设想还有别的解释能够如此清晰地使用精神分析的基本理论。

第十一章

设置

当我们谈论设置时,我们指的是其中包含的精神分析以及心理治疗的特质,分析性关系的特殊性质也蕴含在设置里面,并且象征性地呈现出来。设置包括现实可行性、合约、费用、会谈的次数、假期的安排,以及提供一个持续的场地,并且维护在其间发生的事情。

但是上述这些现实可行性总是会体现出现实或组织管理以外更多的东西。

一、设置的现实维度及其引申意义

我会简要介绍这些现实事务,并且也要强调设置包括分析师本人,以及他存在的方式。这包括他如何让他的病人进入大楼和工作室,他如何迎接病人(比如说他是否微笑?),他如何穿着,他如何在他的椅子上就座,他什么时候、怎样提供他的收据,房间的装修与布置等。设置存在于病人在分析师的工作室里遇到的所有的行为和惯常事务当中,尤其在一些物质对象和非物质对象的连续性中存在着。

在这一切当中持续的一致性是核心。

有些分析师尝试尽可能维持一种中立的氛围，另一些会有他们自己偏好的物体，就如同弗洛伊德收集的那些古代雕塑一样。临床治疗师的选项是什么不那么重要，维持、继续他的选择相比而言更加重要。持续的一致性和可靠性是核心，因为目标是尽可能地提供一个安全、可靠的场所。不论精神分析师来自哪个学派或取向，他们都对这规律性和持续一致性做出了承诺，但我认为，我们独立学派将设置与环境加以平行地理解，是一个很特别的贡献。

持续的一致性帮助维持、保证这个会谈的场所作为一个抱持性环境（温尼科特的术语），令分析工作中的种种变数和全部的困难都可以发生发展，在这里，通常而言，解释并不是主要的疗效因素。我会在随后以及下一章回到这个话题。

这些现实的方面在开始任何治疗之前就已经告知给病人。它们建立起了治疗的条件，在边界内开展工作。有些时候，当有必要时，比如说关于费用，它们可能需要进行协商。我在此处所谈论的是来自我作为独立学派分析师的工作，其他的传统可能有不同的想法。

  设置合约。

  决定费用。

  规律的会谈。

  假期。

  守时。

  提供一个安全的场所。

比如说关于费用，分析师必须保证它是公平的，并且合约中双方的情况都需要纳入考量。如果要求病人付的费用对他们而言太高，他们只能艰难应付，那么分析将会瓦解，或者它会带着病人怨恨的基调持续下去，不论病人是否明说出来。

另一方面，如果分析师同意了某一费用，但发现他自己工作起来真的感到不公平，他的工作和经验受到贬低，那么这会影响到他——这个治疗，以及分析师思考自己与病人工作的方式。

金钱是个格外有意思的议题，因为它提供了相当丰富的象征性联想，生活的诸多方面都参与其中，并且为探索病人对其他人的期待以及病人思考自己的方式提供了一个如此丰富的途径。

再举一个例子，会谈的次数和持续时间。不管发生着什么，病人的感受如何，治疗师都会说时间到了。（有时候、有些情况下我们可能会延长一点时间，但那些都是例外）。所以，如果由于运输罢工，病人在他的会谈的最后十分钟才到，那他的这次会谈就十分钟这么长。

面对这些限制，不同的病人的经历不同，在不同情景下的体验也不同，而且会被感知成是在已经建立起来的持续的模式之下、在不同的时间场景中被分析师身上不同的情感所触发而产生的。

我想到了温尼科特在《反移情中的恨》(Hate in the countertransference)中告诉我们，结束会谈是我们表达恨意的一种方式！确实，在非常困难的会谈里面，知道会谈的确会结束，这不仅是感觉解脱，还意味着分析师能存活下去。

病人把他们所经历的事情带给他们的感受分享给我们，比如当我们说时间到了，这些都是分析的材料，是我们的病人和我们自己的许多信息的来源。

因此，在精神分析里面，现实可行性永远不只是现实可行性那么简单，它们总是包含对每个病人、每个分析师而言都很独特的象征性的意义。

它们包括边界——会谈的边界、分析性关系的边界、我们分析师会提供什么的边界以及我们不会提供什么的边界。

二、设置的象征性维度：边界

边界总是被认为是设置了什么可以做的限制，但也许更是什么不可以做的限制。它们树立了在一段分析性关系里面什么被允许的界限。我认为，我们谨慎地关注边界不仅可以确保我们对分析工作的承诺，以及我们保证为病人和自己提供最适当的空间的决心；我们对边界的关切还能够确保分析师自己明确地知道我们可以提供什么以及不能提供什么，换句话说，就是我们的工作是什么，我们的工作不是什么。这是一个需要很严肃对待的问题。

毫无疑问，边界及其与设置的关系不仅确保了分析性工作可以继续进行，还确保了恰当地使用分析性空间，并且保护双方的当事人。两个人同处一室，一人邀请另一人随意讲出头脑中涌现出来的任何思绪，鉴于这其中关系的强烈程度和亲密性，人们可以理解边界的作用。它能反映出我们自己对每周几次与另一个人进行密切联系的觉察与焦虑，及其意味着什么。

三、设置的象征性维度：赋能

不过，我愿意继续思考设置的议题，设置超越了限制和边界的一点在于，设置更是一种赋能，而非约束。我感兴趣的是，分析师在咨询室之外的生活里的规律性和谨言慎行，与病人缺乏物理的接触，还有对病人体验的尊重，这些分析关系的正式因素，它们如何能够赋能，以及它们如何促进、推动分析关系。

我们的持续一致性和可靠性强调了心理健康的一个特定方面，需要通过这样的一种工作方式塑造出治疗空间的形态，并将其提供给病人，令治疗在这个空间内开展。这与它之外发生的任何事情都不一样。

在温尼科特去世前不久的一段谈话中，他说，"精神分析不单是解释压抑的潜意识，它更在于提供一个可信任的专业设置，以此才能开展工作"（1986）。

温尼科特对设置持续的关注源自他将信任的基础归于最初的关系，即母亲/养育者和婴儿的关系这个重要概念上。他强调关怀、适应和可靠性，以及连续一致性的重要性。他补充道：

> 他们（病人）中的许多人所遭受的都可以确切地说成是，他们曾经的生活中有一部分的模式是不可预期的。我们不能再去迎合这一模式。（1986）

能维持一致对于所有的被分析者和分析师而言是重要的，但对于更有困扰或更加退行的病人而言更是治疗的核心。

温尼科特对于精神分析技术的态度是有演化的，他越来越质疑分析师解释的功能，而愈发对提供一个设置感兴趣，在这里，儿童或成年的病人会惊讶于自己的新的自我觉察。强调的要点在于体验，他断言说，"玩耍本身即是治疗"，其自身即具备价值。

在对《身心障碍》（*Psychosomatic Disorders*）的一个补充笔记中，温尼科特写道，"这种无法思考的焦虑的一个例子是如同图画没有了画框的状态；没有东西来容纳内在精神现实中交织的力量，用实际的话说就是没有人抱持住婴儿"（1969，《身心障碍的补充笔记》）。"框架"这个词，伴随着它塑形以及围合的内涵，尤其是图画的空间所在之意涵，使之成为除了"设置"之外经常会被我们使用到的一个词语。

四、设置的临床启示

如果在治疗中持续出现退行至依赖状态的情况，意味着病人呈现的困难处在人格建立之前的阶段，那么分析中出现的情况就和婴儿生命经历中的原始情绪发展这一领域是平行的。为了恰当地处理这一情况，需要充分的环境适应以便满足婴儿的需要。将这一平行线记在脑中，基于在治疗室中的移情体验而形成关于病人以及病人精神病理的假设，温尼科特提出，对于特定病人，治疗的优先顺序不尽相同。

他提出设置的连续一致性和可靠性以及同在其中的分析师，再加上抛弃的议题，在一段时间内会是任何解释性方法的核心。如果病人表现出的问题处于巴林特（1968）所讲的"基本错误"这一水平的话，设置就更需要强调温尼科特所说的"管理（management）"方面，整体而言需要更加实在、更少的象征性的意涵。这样的发展观和精神病理观要求分析性干预要强调病人对分析师的依赖，而这种依赖被病人体验成一种巨大的危险。分析师需要付出很多，才能令病人可以放弃虚假自体，转而让真实自体浮现出来。

来自同行的一个临床案例如下。

一位年轻的老师第一次前来，雨下得很大，她的靴子上面都是泥水。当她一进来时就被告知要把鞋子脱下来放在门口，这明显令她很不适。她带着一种强烈的、焦虑的、担忧的神情看着我；尽管对她一无所知，但我思索，在这个陌生的建筑里，让她和她的所属物品分离，哪怕是暂时的，对她而言可能都很困难。我提议她带着靴子一同到会谈室。我一开始形成的她比较脆弱的印象是正确的，病人立刻说起她在一个相似的场景里和前一位治疗师的经历，那个治疗师做了个解释，说她带着湿漉漉的雨伞进来，意味着她想要污染治疗。她感到极度羞耻，无法继续那个治疗。

温尼科特的思想令我假设，在最初的阶段，我的病人需要的可能只是维持自己的完整性。当时我尚不知道，她没能对她的前任治疗师讲起她在婴儿期所遭受的忽视与残忍所累积起的情感抛弃的体验，她的过于年轻又不负责任的妈妈把作为婴儿的她长时间独自留下，甚至都到了严重违法的程度。

随着分析的进展，我们发现了她的攻击和诋毁来自对母亲的残忍与轻蔑特质的认同，还发现了她在面对所教学生时表现出的过度保护的反向形成的现象，但这些都是等到把发生的事情的不同部分收集到一起后才发掘出来的。在她生命的最初阶段,以及随后的阶段里,她的环境曾经失败过。

第一个治疗师关于污染的解释没有错误——事实上污染以及被破坏的可能性乃是她最大的恐惧之一——但是时机不合适,导致她离开了治疗。如果我当时假设她已有足够的整合,能够将她的某一所属物留在别的地方的话,那就会导致先前发生过的情况再次发生。

五、设置与母婴关系和养育过程

温尼科特在去世前不久的一段谈话中说道,"精神分析不单是解释压抑的潜意识,它更在于提供一个可信任的专业设置,以此才能开展工作"(1986)。他对设置的持续关注源于最初关系中信任感的基础。他强调关怀、适应和可靠性,以及连续一致性的重要性。"许多病人所遭受的都可确切地说成是,他们曾经历过的生活中有一部分的模式是不可预期的,我们不能再去迎合这一模式。"(1986)

温尼科特经常把他在婴儿早期阶段发展过程中的发现应用到精神分析事业中,应用到实际的分析工作中,来作为临床实践的模型,尤其是面对有着最严重困扰的病人的时候。温尼科特在精神分析和母婴关系之间的类比来源于他对情绪发展的兴趣,他看到不同时期的失败会导致不同类型的困扰。他提出了一个强有力的论据:我们能够从他人那里学到东西,以及我们具备一些学习方法,都是因为它们之间有相互关联的紧密连接和互动。这构成了他的精神分析整体框架的重要组成部分。

在他看来,实践中的分析师必须比平常生活中的人更加可靠、心情平和、守时、不评判,他向分析师加诸了非常个人化的要求,尤其是当治疗师与有困扰的病人在一起时。他把关爱/治愈看成"抱持概念的延伸"(1986),并且结合"父母的关爱",认为这是个人发展和成熟过程的基础。

基本的人与人的互动是病人—医生关爱的基础,并且需要强调接触的连续性、双方的交互作用,还不能有任何虚假的相似性或平等性,却也需要觉察到相互的依赖性和双方的共同依赖。病人和医生的关系是基于依赖和可靠的会谈的,这在他生命中从事的两个工作领域——儿科医学和精神分析中都是核心议题。

六、设置与内外在空间

尽管弗洛伊德把经典的分析性位置安排成分析师在病人的后面,是基于个人的偏好而有意为之的,但他似乎在偶然之间通过这个位置的安排促进了潜意识沟通的潜在可能,和其他的设置一道,形成一个以倾听和听觉感受器为主要沟通渠道(并不是唯一渠道)的氛围。相信分析即是"我们生活的空间"(Winnicott,1967),这令我们要在身体和情感上对自己身处何处以及在任何治疗会谈中如何传达和栖居的不同方式有所觉察。

"提供设置乃是分析师的第一个治疗性行动",这是查尔斯·瑞克罗夫(Charles Rycroft,1956)理解的设置的象征意义,它表征的是最初关系的抱持性环境,也就是母亲的臂弯。

在会谈的时长里,会谈室变成了双方参与者共享的空间,如果它的目标是创造一个可以共享地生活在一起的空间,那么是分析师持续的在场,以及她对自己的内在和外在客体的个人选择,确保着这个空间是开放给他人的,而且作为一个情感的、心灵的场所,任何被带进来的材料都能够被接受,并且找到安放的位置。

会谈室作为意识与潜意识交流的空间,这个空间能够达到的程度由它自身所蕴含的好客程度来定义,尤其是它是否能够通过时间的边界、规律性、付费、地点等因素营造出持续一致的、连续的感觉。这是一个潜在的空间,通过分析师接受、注意到被分析者过去的意识与潜意识的联结，在分析过程中的构建与再构建、一遍又一遍的历程中，在此时此地以及移情中，在真实的生活事件和它们的精神组织以及再组织里，它的潜质得到了实现。

七、设置作为维系连接的框架

在我看来，下文所述的迈克尔·帕森斯（Michael Parsons）关于分析师的内在设置的工作与上述介绍也有关联。不过我认为内在设置不仅仅适用于分析师的实际会谈过程。

> 分析性设置不仅存在于外界，也作为分析师心灵的结构存在于内部。内在的分析性设置构成了分析师心灵中的一处空间，在那里现实由潜意识的象征性意义所定义……内在设置可以帮助分析师以一种自由悬浮的方式，向内倾听他们自己的内在过程。（Parsons）

在他之后的文章《临床技术的独立理论》（*An Independent theory of clinical technique*，2012）里，他进一步提到：

> 设置意味着提供一个框架，将精神分析的觉察注入到日常的人际互动当中，它也是把这样的连接维持住的框架，这样互动中的交流就不会卡顿在人的那一端或分析的那一端。（2012）

这需要作为移情的基础，而不论何时、不论其中发生了什么事情。这包括尊重病人的外在及内在现实，并且重视内在精神和外在现实之间的交互作用。

第十二章

倾听与解释

倾听、通过听觉注记信息是精神分析的基本工具，没有它们，精神分析就不可能工作。本章的题目是"倾听与解释"，我不是在建议这两件事是可以相互替代的，实际上，没有哪个分析师能够抛开一样，单独做另一样：密切地关注病人所说的话，关注自己在治疗经历中听到的，并且将这些和他的理论位置、他作为临床工作者在自己的分析和受训中得到的发展联系到一起。

历史上，我们知道弗洛伊德以来的分析师都是通过仔细地倾听，随后将他的结果、洞察或直觉构造到一个解释当中，然后提供给病人，给他听到的东西赋予意义。

解释的理念包括为某个事件或情景创造联结、给予观点。这包括分析师通过认知过程来评估、归纳不同层级下持续进行着的共同互动。病人听到的解释本质上是对他自己的一段陈述，对在那个时刻心智的可能状态进行总结，是分析师基于他的倾听以及自己与病人相处的体验而做出的对内在客体关系的概括。

特别是从费伦齐开始，关注病人的情感反应为解释的过程带来了一个新的元素，也就是说，不仅要看一个解释是否正确或可信，还要看看它是如何被病人接收的。弗洛伊德还指出了我们能够从病人对一个解释的反应里推测出什么，但是当今的我们可能不倾向于把这些反应主要当作阻抗了。

精神分析知识的发展逐渐令人认识到，由于分析中两个伙伴之间的关系是核心议题，那么给予以及接收解释的过程必须要放在对病人及移情的全面了解的基础之下。在这种视角下，病人如何接收解释会包括病人对分析师所做干预的感受，反过来讲，这些反应也组成了整体分析性场景的一部分。

因此，分析师对她的病人的认识可能是正确的、重要的，但是在那个时刻（或者任何时刻！），把它说出来或传达给病人可能并不是最重要的事情。

一、独立学派约翰·克劳伯与肯尼斯·赖特的观点

当独立学派的分析师约翰·克劳伯（John Klauber）提出做解释时的动力时，他的兴趣在于：

怎样构建一个解释，能够促进分析性功能的内化，而怎样它又会变成障碍。（Klauber，1981，p. 111）

当构建出一个成功的解释时，病人和分析师的客体关系会发生什么。

这些维度让我们超越了把解释当作对发生了什么的总结的看法，正如斯特雷奇的描述，这是一个突变的时刻，这一描述使关于解释在分析性关系中的位置的论述变得复杂起来。

英国分析师肯尼斯·赖特（Kenneth Wright）将母性的抱持看作实现自体所需要的象征化发展的基础；对他而言，这是临床精神分析的关键。儿童从依赖到分离与个体化的心理发展来自环境母亲的贡献，但是赖特认为温尼科特的后期文献《镜映与镜映的角色》（*Mirroring and the mirror role*，1967）体现了从基于身体的（本能的）范式——乳房上面的婴儿——到定位到社交性上的转变：婴儿和母亲通过由他们的面部线索所注记的互动响应而保持接触。

第十二章 倾听与解释

这一转变契合了他对非语言沟通的兴趣和通过同调传递他者属性的兴趣。一个婴儿首先要成为一个存在，然后他需要继续存在下去。这两个状态都和抱持有关联，也都对在会谈室内发生的事情以及会谈室内的交流的品质和目的有重要的影响。在工作室里通过提供一个容纳性的空间，使得接触得以保持；那么社交的、互动传递的自体是怎样被传达和分享的呢？赖特提出，分析是为人类感受寻找"形状"的过程；他把分析师的任务理解为"为病人情感生活里的未被现实化的元素寻找并提供容纳它们的形状"（p. 9）。他特别把它定位于非语言层面的交流上，并且认为前语言的沟通根植在共享的意象或模式里。

虽然分析师和病人表达、传递情感对会谈室内的工作都很重要，但是表达情绪不一定就能将它传递出去，或带来情感的接触。通常，病人与治疗师之间情感接触的转换，以及它和病人及治疗师对自己的感受的各不相同的反应的关系，似乎往往更依赖于说话的语气以及词汇敏感性，取决于说这些事情的方式而不是说了什么。这些治疗中的非认知方面和基于解释的分析取向有差异。这强调出这种情感性的容纳主要不是在词汇里面。这样的容纳鼓励了病人自身心理容纳力的发展。

赖特依然对词汇以及它们能够被如何使用感到着迷，不过他对它们能够在分析中起什么作用也很小心谨慎，尤其是在构造解释的时候。他区分了进行解说的词汇和会具现化和唤起的词汇，他自己的兴趣是在后者，以及词汇和体验的关系上面。

他关心他人的观点，也就是分析师的观点怎样被病人体验成他自身的体验的一种映照，而不被体验成分析师要转化病人的体验。一个言语的行动，比如说，一个解释，不能想当然地被当成情感接触所依赖的那种沟通（p. 19）。作为一种映照提供给病人的言语的沟通，可以让病人有可能从中发现一些可以使用的东西。赖特感到，一个以转化、归纳内在场景为目标的解释让分析师成了那个知道事情的人。那么病人的角色又成了什么呢？

他提出，如果要让获得的语言能够被体验成促进的和鼓励创造性的，那么它本身需要有充足的前语言容纳作为其坚实的基础。对于一个想要提防他的语言的人，分析师的语言会限制这个病人，关闭某些东西，而不是提供进一步发展的途径，因此赖特认为会谈室内的工作很大程度上取决于分析师的接收性以及容纳的能力，为通过语言以及非语言沟通积累的知识和经验构建形状，并且在一个同调的过程中传达给病人。这对分析师提出了很高的要求。

赖特建议，沟通的内容（也就是它所携带的意思）与表达的形式以及潜在的非语言结构之间的关系所能揭露出的东西相比，真的不那么重要。因此，比如说，病人说话的方式，以及分析师获得的和病人某一内在状态相关联在一起的感觉，可能比他说出来的内容或故事线索更重要。例如，分析师可能会感到病人的词语令人感觉空洞，缺乏真实经验所具备的生命的血液（我们可以说他的话可能是一些"虚假自体"的语言）。或者说，分析师可能会对分析性干预关联或者无法关联到病人的某个情况上的方式更加感兴趣——他的语言在多大程度上能被病人感觉到有共鸣。

如果我们以这种方式理解分析性干预，那么重点就从意思的准确性转向了吻合度的准确性。分析师对言语的理解——它是什么意思就不会有那么多的执念了，而是会更加关心去捕捉和反映它像什么。当分析师能够开始审视赖特称为"容纳性形状"的创造时，解释就会有退回背景中的倾向。至少在某种程度上，他放弃了解说，而转变为共鸣意象的制造者。说起制造意象，我指的是逐步通过言语的方式构建起意象结构，以提供一个"场所"（一个共鸣的场所），在这里，病人那些尚未存在的体验能够找到一个存在的场所。病人的体验能够利用这样的场所，是因为言语提供的形状和言语所唤起的意象开始和一些已经存在、但在病人那里尚未存在的东西有了共鸣。按照温尼科特的说法，这叫作他的"天生的潜能"或"真实自体"。

在这里赖特尝试为他自己工作的方式找到一种言语的形状，特别是当病人呈现的是虚假自体时。这不是通过解释完成的，而是通过分析师感兴趣，并且尝试找到方法来描述一个吻合病人体验的意象或形状而实现的，博拉斯把这称作"未加思考的已知（unthought known）"。

二、温尼科特的理念与案例

温尼科特开始逐渐怀疑解释在精神改变中的作用。他提出，病人在分析师的技术与设置之下，信任逐渐增长，移情也随之演化，而解释会破坏这一过程；分析师想做解释的需要会阻碍深层次的改变；病人做出他自己的解释，这样的成就会令病人和分析师都感到喜悦；只有病人才知道答案；分析师的解释必须要和病人把分析师放在主观现象领域之外的能力联系在一起，也就是说，能使用分析师。

温尼科特对精神分析的看法从经典目标之下的将潜意识意识化明确转变成了促进情感以及心灵的觉察和成长。这会在临床过程的演化过程中反映在被分析者那里，但更本质性地取决于分析师的心智的状态。

我现在想要介绍两种类型的临床干预，在这里言语仍然重要，但是完整的治疗性交流包含绘画。

第一个来自温尼科特和一个10岁大的芬兰小男孩伊罗的治疗会谈，他们语言不通，因此会谈是通过一个翻译完成的，然而这里的情感关系显然是在温尼科特（那时已经相当年老了）和伊罗之间。

作为临床学家，温尼科特似乎特别敏锐地知道什么时候说些什么，不会往前推动得太快。他和伊罗的工作所呈现出的治疗沟通的形式是基于随手涂鸦和语言的。在这个会谈里，温尼科特基本上选择不讲出他的理解，因此他解释得很少；尽管如此，他们两个仍然通过语言和在一起的工作/玩耍建立起沟通，并且让这个孩子以及他的家庭获益。

伊罗是一个手脚先天性并指畸形的案例，他的母亲也有这样的情况（直到会谈开始后才知道这个事情）。温尼科特和伊罗通过玩随手涂鸦的游戏彼此沟通，"一种简单的和孩子开始接触的方式"。

为你们介绍这个会谈的一些材料之前，我希望特别强调温尼科特确实说过的两种话，这指的是那些他在和这个男孩交流的过程中说出的评论，不过，还包括他没有说出来、但在书面记录里写下来的解说。他做的解释非常少，但是我会特别指出其中的两个，请你们注意。

这个会谈的结果让这个家庭能够更加自由地去讨论手术的局限，以及如何在这个相当正常的男孩的生命里接受这种情况。

伊罗在描述温尼科特的第一个涂鸦时说，"这是一个鸭子的脚"。

温尼科特立刻想到伊罗想要沟通关于他残疾的情况，但是为了确认，他自己也画了一个带蹼的脚。伊罗画了同样东西的另一个版本出来，随后他把温尼科特的一个涂鸦变成了鸭子在湖里游泳。之后他把另一个变成了角，伊罗告诉温尼科特，他的兄弟会吹号角，他自己会弹一点钢琴，但是他更想要吹笛子。

温尼科特做出了他的第一个直接的言语干预。

"让鸭子去吹笛子可有点难。"

伊罗被逗乐了。

温尼科特告诉我们读者，在这个阶段，他认为伊罗用鸭子表征出了他的状况，因为他还不能应对直接涉及残疾的情况。他们继续交流涂鸦，温尼科特画一个涂鸦，伊罗本来把它变成一只手，然后又改成一朵花。温尼科特对我们读者评论道，他（对自己）解释说这联系到伊罗不愿意看到自己的双手。但重要的是，他没有说任何话。之后伊罗非常有意地画了一个看起来像是畸形的手，然后他自己吃了一惊。他对温尼科特说："它就这么发生了！"

温尼科特让我们知道了他的想法。这是伊罗能力上的转变，他有能力直接看他自己的手了，这样的转变是一个重要的沟通。谈了一小会儿梦之后，温尼科特看着伊罗的下一个涂鸦说，"这像是你的左手，是不是？"男孩同意了。

伊罗接着告诉温尼科特，他已经做了一大堆的手术，随后他还要做更多的手术。他告诉温尼科特他的双脚也是一样，他现在有四个脚趾，但他曾经有六个。温尼科特做了个直接的连接，"这真像那只鸭子，是不是？"男孩又一次同意了。

在这两个评论里，温尼科特都提供了供伊罗考虑的建议。

这像是你的左手是不是？伊罗同意了。

之后温尼科特做了一个解释。"那些手术试图改变你出生以来的样子。"

伊罗间接回应说，他想要吹笛子，然后继续说起更多的手术。然后他说，当他长大了，他想成为爸爸那样的人，一个建筑工人，或者是在学校里面教手工艺；他的情况让这两个职业都很困难或不可能实现。温尼科特对这打动人的信心没有说任何话，但是一小会儿之后温尼科特问他，需要接受手术会不会让他生气。伊罗说他从没生气过，这是他的选择，有两个手指也比四个全长在一起好。在书面记录里温尼科特解说道，他对此的理解是，伊罗现在直接看到他的双手以及他自身的情况，认为这是对他的问题的重要的言语化。这就是伊罗在这次会谈中一直寻求的部分。

伊罗把温尼科特的下一个涂鸦称为鳗鱼，温尼科特问他是把它做成菜还是把它放回湖里，男孩说："我们让它回到湖里去游吧，因为它太小了。"温尼科特随后做了一个解释，将鳗鱼和伊罗自身更年幼的自体以及他的冲突联系在一起。"如果我们想象你也这么小，你就会在湖里游泳或像鸭子那样游泳。你是在告诉我你喜欢自己和有蹼的手和脚，你需要人们按照你出生时的样子爱你。长大了，你想要弹琴、吹笛子还有做手工，所以你同意接受手术，但是首要的事情是，要爱你这个人、爱出生时那个样子的你。"

意味深长地，在这之后，伊罗接着告诉温尼科特他的妈妈也有同样的情况，这揭示出他要处理的事情的另一个维度。然后他又画了一个他残疾的左手的涂鸦，他又吃了一惊，然后叫道："这又是个一样的！"

温尼科特发现，整个会谈里从这个男孩那里获得的主要信息是，伊罗首先需要以原本的样子被接受，如同他生下来的样子。这通过他在玩涂鸦游戏时不断认同有脚蹼的鸭子浮现了出来。温尼科特指出，伊罗能感觉到自己被爱着，但他需要以他出生的状态、手术之前的状态、在更改和修补开始之前的状态被爱。

三、独立学派玛丽安·米尔纳与艾拉·夏普的案例

玛丽安·米尔纳非凡的案例历史《永生之神的双手》（*The Hands of the Living God*），是她对一个见了将近20年的病人苏珊的分析记录。从1950年，这个始于1942年的长程分析的第八年开始，苏珊开始把她的画带进会谈，尽管它们带来了诸多负担，米尔纳还是将它们视为分析的核心部分。总的来说，她带画来的那些年被之前和之后那些年的分析框在了中间。

在这本书里有154幅图像（这本书几乎有500页），但这些只是这个病人带给分析师的将近4000幅画中非常少的精选。出于两个原因，我要介绍苏珊和她的分析师。首先是米尔纳面对这些洪水般的图像，她有接受性，也有意愿，能够以不同的方式参与进去，接纳这些画，从中得到娱乐。其次是从她的评论中可以看到，早在苏珊把她的画带来之前，米尔纳就已经在思索自己的分析性技巧了。

"随着这些年的持续，我开始思考在她能够有真正的改变之前，我必须要有所改变——不仅仅是变得有更多的理解，做更好的解释……而是我感到需要学着去等待、注视，让她知道我就在这里注视着，不会让我自己被诱惑得为她工作得太过用力，因为我开始怀疑，如果我让自己受到诱惑，如同我以往经常做的那样，这也许只能很悲剧地推迟那个时刻，那个她发现自己已经获得了什么的时刻。"（1969，2010，p. 48）

我已使你们注意到了这个分析的历程，以及"步调"是如何被病人设立

下来的。一个不能和她的病人同调的分析师会将"进程"搞得失常。我们对病人的适应会影响解释的时机。

艾拉·夏普通过一个病人阐述了这一点,这个病人对分析师第一次自发的移情情感出现在第十四个月之后。夏普在这一点上的全部解释是"并不快,也不慢,也不含糊……一种深刻的'重复':病人的妹妹在她十四个月的时候出生了"(King & Steiner, 1911, pp. 641-642)。艾拉·夏普体验到的移情动力的"形状"受到病人生活历史的影响,她知道"在移情情感中,病人萎靡的意义被演示了出来,解决的机会也变为可能"(King & Steiner, 1911, p. 645)。

对病人和分析师的情感的关注强调了分析配对的相互关联性,以及它在治疗性历程中的地位。

正是通过情感,我们理解了我们的病人,并且带来改变。独立学派的观点认为,改变发生在和分析师在一起时充满情感的体验当中,而不仅仅是通过解释或理性的洞察。

第十三章

会谈室内外的沟通

作为精神分析世界的主要人物,温尼科特致力让广大公众都能够接触到精神分析的信息与方法,并将精神分析纳入公共机构和文化生活当中。他在非常不同的环境中呈现出开放和促进沟通的姿态,表示愿意与不同取向和流派的同行,儿科、儿童精神病学、教育学、儿童健康和发展的相关领域专业人士,以及广大听众进行辩论。他的兴趣在于理解成长的个体中内在和外在现实之间的相互作用。在他的一生中,这种兴趣一直保持着,而且越来越复杂。

我们这些工作在这个领域的人都会做讲座、发表文章,温尼科特也一样,他的工作及其演变和整合经历了多次修订和面向不同听众的演讲,他的思想在他的一生中不断发展变化着。

一、沟通的主题与生命活力、精神分析、"我们所生活的地方"等议题的关联

我对他采用的所有沟通形式都感兴趣,尤其是写作。他的出版作品如此

频繁和流利，并且拥有如此丰富的方式，他一定非常重视写作。写作对我也很重要，因为除了涉及激情、努力工作以及相当程度的强迫，它也和沟通有关，最初是与自己，随后体现在与他人的接触上。在他的例子里，写作涉及心理健康、儿童和家庭、精神分析以及分析中发生的情况，还有把沟通和不沟通视作有活力的生活、参与到世界当中的一部分。精神分析可以在有活力的感觉存在时深化这种感觉的发展，也可以作为一种方式，使无法感到活力的病人能够变得更有活力一些，无论他们是否真的意识到这一点，或者是否会把自己描述成那样。

分析强调了温尼科特所说的"我们生活的地方（the place where we live）"（Winnicott，1967），他指的是心灵和身体里面的一个内在位置，一种躯体及情感上我们在哪、我们是谁的感受就坐落在其间。它是被传递给我们的，我们以不同的方式栖居在其中。

二、设置与内外在空间

在分析中去询问"我们生活的地方是什么、在哪里"，这会把注意力引向一个物理上的、不过同时也是一个心理上的空间，这个空间在会谈持续的时间范围内被实质性地共享，并且随后共享于被分析者和分析师这两个人的心中。

我们知道，弗洛伊德把经典的分析性位置安排成分析师在病人的后面，是基于有意识的个人偏好，因为他不喜欢看着病人，或是被他们看着。但在这个过程中，他似乎潜意识地找到了一个能够促进潜意识沟通的安排，尤其是它和精神分析设置的其他方面联合在一起的时候，在这里，听与说是主要的沟通领域，通过听觉感受器达成。虽然这绝不是唯一的沟通渠道，但也许是主要的渠道。然而从象征的角度，分析师查尔斯·瑞克罗夫（1956）将这个空间与第一个抱持性环境（母亲的臂弯）联系起来。当他说"提供设置乃是分析师的第一个治疗性行动"时,他通过"场所(place)"的连续性将地点和治疗活动联系在了一起。

会谈室本身已经是一种沟通,因为在会谈的时长之内,它成了参与者双方共享的空间。总的来说,我们的目标是鼓励和创造一个由病人和分析师共享的、可以身在其中的空间,但分析师要确保这个工作室——这个物理空间或地点——能够成为一个情感空间(affective space),任何被带进来的都可以被接受,都可以找到回应。

工作室里的会谈被它自身的接待规则所塑造,尤其涉及它是否能够通过时间、规律性、付费及地点的边界营造出一致的、连续的感觉。设置提供了一个潜在的空间(potential space),通过分析师接受、注意到被分析者过去中的意识与潜意识的联结,在一遍又一遍地构建和再构建现实生活事件及其在此时此地的移情的精神意涵中,它的潜质得到了实现。

三、环境/设置的可靠性和一致性是养育/精神分析的核心方面

温尼科特关于独处(1958)和沟通与不沟通(1963)的成果显然都是他通过与自己、与病人的交流反思而产生的,但是这些成果也表明临床工作中的议题在思考生活与存在方面也具有更为广泛的意义。

将可靠性和一致性视为照料中的决定性方面,这是精神分析关系的核心,它的模板就是婴儿和母亲/养育者之间的依赖关系,这带来了足够好的开始。在思考这一点的同时,温尼科特主张:

> 精神分析不单是解释被压抑的潜意识,它更在于提供一个可信任的专业设置,以此才能够开展工作(1970, p. 115)。

在这个陈述中,他坚定地提出他自己在分析工作方面的优先事项,包括

我在内的许多当代分析师也有同样的观点，并且将其联系到最早的人际情感纽带上面。

我们所做的工作理所当然地认为，沟通不论以何种形式出现在会谈室中，都有些治疗的属性。今天我想提出这些不同的形式，以及我已经以设置本身及其传达或沟通了什么作为开始。它与温尼科特的精神分析取向和人类经验的构成联系在一起，这取决于对环境的一种特殊理解方式——将其理解为构建起人类内在属性和外在属性的基础。环境对于建立心理现实的首要地位，使得与他人的关系成了个体化及其精神决定因素的基础。这样的立场对精神分析实践有深远的影响。

四、沟通的前提：主体（自体）的发展，客体的出现

婴儿需要与作为一个独立的单元的自己相遇，这种可能性实现的条件是母亲的辅助功能。婴儿最初没有自我（ego），仰赖环境/母亲的供给来提供自我支持（ego support）。从一开始绝对依赖的状态转向相对依赖，随后朝向独立，通过分化的过程，自体浮现出来，婴儿开始"存在（be）"、以自身的权利而存在下去。透过母亲的渴望及其在身体护理层面的体现，婴儿逐渐获得形成初始的自体的心理资源，能够抵抗内在和外在的本能冲动，并能够与自身和他人交往。婴儿照料的要件中包含着精神的成长。

婴儿主体性的逐渐浮现与客体在自体形成过程中作用的变化有关，这一点我们在过渡现象中讨论过。对于婴儿来说，第一个客体是"主观（subjective）"客体，是原初创造力的一部分，但发展的过程涉及对客观感知到的客体（objectively perceived object）的识别，通常要通过我们讨论的过渡客体来达成这一点。

与他人一起体验到某些事情，这涉及独处，它是分离的条件，而对现实的觉察，意味着对在自己创造的幻想世界之外的客体的觉察。

成为一个人，及其在精神和躯体上的基础属性，取决于真实的母性照料所提供的时空因素。这些理念让我们了解温尼科特对沟通、独处和自体的兴趣，因为与母亲婴儿的类比，也表明沟通的能力需要学习或鼓励。

五、主客体之间的前语言、情感沟通

英国独立分析家肯尼思·赖特描述说，温尼科特后期关于镜映与镜映作用的论文（1967）体现了从基于身体的（本能的）范式——乳房上的婴儿——到定位于社会性范式的转变：婴儿和母亲通过他们的面部线索所注记的互动响应而保持接触，他们的收获来自彼此的注视。

这涉及非言语沟通，以及妈妈通过与她宝宝的同调来传递他者属性（otherness）和分离属性（separateness）。一个婴儿首先要成为一个存在（being），然后他／她需要继续存在下去。这两个状态都和抱持有关联，也都是会谈室内的事情以及在那里发生的交流品质的核心，尤其它们非言语的层面。

赖特提出分析是为人类感受寻找"形状（forms）"的过程；他把分析师的任务理解为"为病人情感生活里的未被察觉意识到的元素提供容纳它们的形状"（p.9）。

说出一个情绪不一定等同于将它传递出去，或令两个人有情感的接触，在会谈室内的分析工作里，分析师的贡献对表达、传递情感至关重要。病人与治疗师之间情感接触的流转，以及这种流转和治疗师的关系、和病人对于他自己的情感所具有的各不相同的反应的关系，似乎往往更依赖于说话的语气，取决于说这些事情的方式，而不是说了什么。这些是治疗中的非认知方面，可能能沟通出一种情感的容纳，从而鼓励病人自身心理容纳力的发展。前语言的沟通根植在共享的意象、模式或声音里，它们是重要的，尽管分析工作的主要焦点是语言。当词语以及如何使用它们变成了分析中的主要沟通形式，我们必须要谨慎地看待它们能做到的和做不到的，尤其是我们使用解释的时候。词语和体验之间的关系，对任何分析而言都很重要。

分析师需要考虑如何使他的观点能够让病人体验成是对病人体验的一种映照（reflection），而不是以一种来自分析师的似乎更加优越的知识的形式将病人的体验转化（transformation），或是绑架病人的思考。

六、语言的两面性

前语言期的婴儿参与互动时，使用的是在语言出现之前就确立起来的沟通形式。语言对于个体而言首先是外在的，因此有可能会由于它被使用的方式而带来早期的侵犯（early impingement），语言的习得本身需要充分的前语言容纳（preverbal containment），才能够被体验成是促进性的而不是限制性的，鼓励了创造性而不是扼杀了它。

这是母性/分析性的容纳，使病人的心理容纳及其精神结构的成长成为可能。

当我们考虑分析性交流以及沟通了什么时，所有的这一切都是相关的，它强调会谈室内的工作取决于分析师的接受力和容纳的能力，因为她能够利用积累下来的知识和经验层面的沟通，也能利用非言语形式的沟通。

我们需要问询，分析性沟通如何能让一个人被他人识别出来，以及被他自己识别。分析师如何协助这一点，使之成为可能。

七、主体"不沟通""不建立连接"的情况

不过，温尼科特进一步提出了关于人类沟通以及分析性沟通的另一个维度。一个人被另一个人识别，以及如何促成这样的识别之外，他们同时也有不要被识别出来的愿望。我们如何接纳这一点，并与之工作。

《牛津英语词典》给出的沟通的同义词有"接触,联系,建立连接,桥架,成功传达或分享想法和感受"。

《沟通与不沟通导致的某些对立面的研究》(*Communicating and non communicating Leading to a study of certain opposites*)是温尼科特1962年10在旧金山期间发表的第三篇文章。

它以一种相当没有礼貌的方式开头,因为在介绍部分这样写道:

> 在为一个国外的研究所准备这篇文章时,我接近了一个令人吃惊的主张,那就是不沟通的权利。这是发自我内心的抗议,出于对被无止境地剥削的恐怖幻想。换种语言就是,这是一个被吃掉、被吞噬的幻想。在本文的语言中,这是被找到的幻想。(p.179)

被找到可能是灾难性的,这是本文的论点之一。这是什么意思?

他继续建议道:

> 在健康的状态里,人格有一个核心,与分裂(不良,ill)的人格的真实自体(true self)相对应……每个人都是孤立的、永远不沟通的、永远不被知晓的,实际上,不被找到的。

不论我们如何理解这一陈述,它肯定来源于会谈中的分析性关系以及两个人之间产生的种种沟通,以及对于这些沟通的理解。正如我所说,对于临床工作者/病人配对而言,联系的形式围绕着可靠的设置聚集起来,围绕着言谈及其多样的形式、它的语调及语气、所选择的词汇以及表达的方式、节奏和沟通的形态,还有沉默的韵律和形态及其意义而构造起来。

言谈和沉默均可用于建立连接或不建立连接。

"我们必须问自己,"温尼科特说,"我们的技术是否允许病人沟通出他不去沟通?"(p.188)我们自己能够允许病人有这样的自由吗?

我们知道分析配对的每个成员都有自己的内部沟通以及不同方面的自体，所以这也是必须要尊重的。

尽管母亲和婴儿之间沟通的形式和媒介主要是非言语的交流，但是母亲经常对自己的孩子说话，而这样的做法为日后人际沟通中的言谈预设了中心的地位。宝宝需要、要求来自他人的一定程度的响应，才能健康正常地发育。如果响应中存在严重的不匹配，就可能会出现病态，温尼科特一直关注母亲对婴儿的沟通缺乏响应性的影响，如果沟通没有被接收到，那么婴儿会发生什么。如果接收者/母亲/治疗师，不管出于什么样的原因，错过了沟通，那么会给沟通者/婴儿/病人带来什么样的结果，多久之后就会导致病理性的损害？

八、面对由于错过早期沟通而产生病理性损害的病人

如果这种背景的病人来到了我们的会谈室，我们该如何接近他们，温尼科特对于治疗热情的局限以及可以达成什么有着特别的敏感性以及非常清楚的认识。

不同的病人需要不同种类的治疗工作，评估一个病人在不同时间需要什么样的响应，以及面对传统分析设置可能无效的病人，需要做些什么，这是温尼科特取向治疗师的另一个兴趣点。

一旦了解到一个人可能不希望利用沟通的能力，那么这便是治疗工作中的一个重要维度。这可能是一个主动的选择，也可能不是，但它都是在工作室里的一个重要维度。

沉默

温尼科特清楚，沉默，特别是病人的沉默，既是一个成就，也是一个复杂的沟通。他说："重要的接触和沟通是沉默，要为这一观念留下空间。"（p. 184）

分析师能够认识到对于每个病人，沉默的意义如何、是什么，这需要分析师不断地进行相当多的工作，与同行和自己交流，与世界各地的论文、书籍和临床报告交流。如果病人在会面的大部分时间都是沉默不语的，我们如何才能理解我们的病人在和我们会面时的每个沉默，又如何着手处理这种沉默。

社会理论家理查德·塞内特指出："想要了解人真的会存在羞辱到他们的风险；这令他们无处隐藏"（p.118），这在会谈室里是一个非常熟悉的维度，增加了在其中交流的复杂性。也许它在中国文化中会有更强的共鸣，这一点供大家思考。

沟通的不同变体

沟通的形式和目的以及沟通的愿望随着客体内部状态的变化而变化。温尼科特识别出了不同种类的沟通。

  1. 简单的不沟通，一种休息；

  2. 沟通是主动的或反应性的，在健康上和病理上的表现可能不同。在病态的宝宝身上，涉及分裂，婴儿的一部分与在场的客体相关联，另一部分则关联到别的事情上去，即主观客体或基于身体经验的现象。在这种情况下，两种可能的沟通类型被设立起来。对于唐纳德·温尼科特而言，主动的退缩优于虚假自体的关联，不过我们所有人也都需要这种类型的分裂。

九、尊重不沟通

最后，温尼科特提出了一个关于人类存在的问题，他声称，"每个人都是孤立的、永远不沟通的、永远不被知晓的，实际上，不被找到的"。

我想知道你们对于这个本体论陈述的想法是什么？

分析鼓励留神地倾听，要注意他人的自体，相信潜意识的沟通，以及有能力识别出可能可以从那里听到什么，我们希望在我们自己的分析、培训以及由我们的病人所提供的持续学习的机会中，这些能力会有所发展；但意识到它们和将其说出口不一样。我们依靠我们的反移情、我们关切病人的能力，以及我们在会谈室中作为病人以及作为分析师的经验。

第四部分

家庭的心理—社会视角

第十四章

祖父母与扩展的环境

在这一章我将介绍扩展的环境，以及它作为确立和维持心理健康发展的重要意义。关于扩展的环境，我们会聚焦于家庭的最初环境，以及父母之上的长辈们的潜在重要性上。

在准备这一章时，我特别思考了自己的成长史，以及它和20世纪六七十年代更广阔的英国、特别是伦敦地区的女性主义和性解放运动历史的关联，还有20世纪60年代我作为一个从澳大利亚来的侨民，在这里没有亲近的家族成员，所以需要在伦敦为我们的子女以及我们自己构建出某种程度的大家庭的过程。我对于精神分析的兴趣，以及家庭关系对我们每个人所栖居的精神世界的贡献的兴趣也源于此。对这一议题的兴趣在我的成年生活中一直非常强烈，几乎可以确定，是它让我决定接受心理治疗和精神分析的训练，并且在一个重视环境、重视环境对精神成长的贡献的精神分析取向中找到了自己的位置。不论何时，对家庭的兴趣都有必要将文化脉络、最初与父母、随后与其他家庭成员的联结以及伴随这些联结产生的情感问题和欢愉放到核心位置来考虑。但是这也包含重新阅读弗洛伊德，了解他自己在人类的社会属性对驱力进行组织的这个议题上的演进。

我对中国文化或中国家庭的形式和安排的了解是非常有限的,所以我非常清楚自己的外来属性以及这可能给这个话题带来的影响。我希望我可以从你们身上,和你们一起,在这个当代中国的代际话题上有所学习。

最初我决定就祖父母的话题展开讨论,是和在一些特定情况下逐渐增多的让祖父母帮助带孩子、看管孩子的现象有关的,这发生在包括我自己、我的子女和他们那一代的英国人在内的一些特定的阶层里。这是更广大的社会文化经济及政治历史的一部分,同时也是很重要的个体的变化,尤其是从第二次世界大战以来。

广大的欧洲脉络中包含一系列不同的现实情况。第二次世界大战带来的问题、纳粹德国及其系统迫害犹太人的历史依然对后一代的人们有着心理影响,这在对创伤的代际传递的研究工作中得到了详细的叙述,研究还指出,这些事件对后代造成的潜意识影响甚至可能超过那些亲历者。当代中国的一些学者也将这一点联系到目前的中国社会上,研究创伤的传递以及创伤的持续性影响。大家庭,以及大家庭接纳还是排斥长辈照料年幼一辈,这样的过程会勾带出家庭的历史,有些家庭历史可能是创伤性质的。从精神分析的角度上讲,北京和伦敦在这一点上是相似的。

对于作为精神分析师、治疗师和心理健康专业工作者的我们,考虑这些外在的事件是很重要的,但是它们对个人的意义以及效果是什么,还有如何理解个体的幻想,这些只有在会谈室内的工作中才能清晰地呈现出来。

一、社会文化给代际带来的影响

作为我们今天讨论的焦点,我希望将英国伦敦和中国北京这两个不同的背景并列在一起,共同考虑祖父母的重要性。虽然我会列举一些社会及政治方面的决定,但我们关心的是这些决定和政策对代际中所有人的心理影响。

我选择大卫·沙夫(David Scharff)和斯韦勒·瓦文(Sverre Varvin)的

《精神分析在中国》(*Psychoanalysis in China*，2014)中的两个例子作为切入这个本土题目的基础，在这一话题上你们比我要更加熟悉。

伊莉斯·斯奈德(Elise Snyder)在她的章节《精神分析性治疗跨文化议题中的暗语》(*The shibboleth of cross cultural issues in psychoanalytic treatment*)中，描述了她和五位从24—32岁的年轻女性的一系列会谈，她们都曾经在相当长的一段时间里被她们的外婆或奶奶抚养，呈现出非常复杂的图景。这个段落的标题是"饥饿的幽灵"。

你们可能会发现，在当下的中国家庭生活中，这些情况对于孩子、父母或祖父母来说都是相当常见的。对于每一代的群体而言，问题是有关联，但也有不同的；对他们中的每个人而言，都涉及丧失，可能也有获得，但最基础的一点在于，这些常常发生的事情对每个人都有情感上的影响，不论是哪个国家或地区都一样。在战争结束之后的头几十年时间里，由于父母从南方迁往北方、农村迁往城市或移民国外，孩子由祖父母抚养一段时间的情况在英国或意大利也不算少见。

斯奈德描述的五位女士寻求治疗性帮助的原因是她们和男性相处时存在困难。当她们谈到自己的母亲时，都对母亲有着强烈的愤怒，描述母亲的词汇几乎和她们用来描述自己生活中男人的词汇是一样的。这本身就值得我们评估它的精神分析意义，即探索它的潜意识和内在世界的意义。

她们中的有些人是工人的孩子，被留在农村祖父母的身边，而她们的母亲要在城市里打工。还有两位的母亲是职业女性，她们被送到乡下，或送到在城市工作的亲戚那里，离开了家乡。

一个明确的印象是，她们都宣称如果自己是男性，她们的母亲就不会把她们留下。但是，当斯奈德进一步探究时，其中的两位女性告诉她，她们的兄弟也被留下来了。

这又是一个具有持续心理影响的外部因素。

我对斯奈德希望引起我们注意的、在她的理解中这些女士的不知足、"没有男人能够满足她们的情感需求"这一点很感兴趣。这让她提出了"饥饿的幽灵"这个词来形容她们。她之后发现一位美国分析师对他的一个病人的描述似乎同这些与自己咨询的中国女性很像。你们觉得从诊断分类来讲结果会是什么呢？她又见了其中两位女士第二次，浮现出来的是巨大的悲伤。当她问起她们的祖母时，她们开始讲起自己多么地爱祖母，在离开祖母、再次和母亲生活的时候是多么地想念祖母，还表达了由于母亲把她们从祖母身边带走而对母亲的愤怒。

近些年，祖父母在养育儿童方面扮演着重要的角色，尤其是在经常外出的职业女性或是母亲从农村前往城市打工的情况里。但是我也在思考，这真的是新出现的情况吗？在一些地区或一些特定的阶层里，祖父母是不是一直在养育儿童方面有着重要的角色？

如果祖母是个足够好的母亲，斯奈德补充道，如果孩子从出生就在这个充满爱意的祖母身边，那么他们通常还不错，因为他们可以和祖母形成安全的依恋。但这并不是她或者其他人描述出的那些更常见的情况。孩子有可能被留下，然后又被接回去（也有没有的）。那么对于我们分析师，需要探索这样的基础事实是怎样被病人理解的，病人在什么时候把母亲感知成抛弃了自己，这一点格外重要和关键。而在之后，又有另一个创伤的影响，当孩子6岁或8岁，回到父母身边生活时，又离开了祖母，这在情感上非常重要。这里有两次丧失，而第二次的感觉可能会更直接一些。一个人丧失掉非常重要的、依恋的客体，这往往是非常严重的创伤，斯奈德评论说，病人或分析师针对这样的创伤谈得还不够。关于为什么会这样，斯奈德没有展开论述。

不过，斯奈德补充了另一些对于性别，以及作为女性意味着什么的观察。

在治疗被祖母抚养的女性时，对母亲的愤怒感来自如果自己是男性的话，母亲就不会离开自己的幻想。斯奈德相信这样的幻想有时候是确切的，但不一定总是会导致她所观察的这些年轻中国女性的症状。我也同样相信这一点，对于治疗师，有分析性意

义的是这些儿童所想象或体验到的事件的特定的意义。(p. 98)

所以说,把孩子留给祖父母,母亲或夫妻双方前往其他地方工作,之后再回来自己带孩子是或曾经是一种例行的方式。

这很明显是由于地理距离的原因而做出的安排,但孩子在感知自己的生活时,性别可能也是一个影响体验的因素。

如果能够在良好条件下,从出生或出生之后很快就开始长期抚养孩子是一种情况;把孩子从已经和母亲/抚养者建立起的联结中带走并换成另一个抚养者,是另一种情况;之后又丧失了第二个抚养者,回到第一个那里,有可能潜在地充满了问题。

每个人都需要思考分离、丧失、怨恨以及情感的困惑的问题。在治疗中对这些情感进行的工作取决于病人/个体是如何理解的,它们在移情中如何呈现,以及更宽泛地说,如何提起这些话题。

其他的因素也会起作用。比如联系的频率、联系的形式等,但是通过我们对早期情感发展的认识,这样的情况对儿童而言往往是有困难的。同时,我们也必须认识到这样的局面给父母、祖父母带来的困难。至少,这里也有重大的丧失和困惑,尤其是如果这些丧失没有被谈起过的话。人们面对的痛苦议题的多样性也需要被重视。

阿尔夫·格拉赫(Alf Gerlach)在书里,尝试着研究民族精神病学,他描述了和一位年轻的中国心理学家的五次"交谈",他首先引用了美国的理论家乔治·德弗罗(George Devereaux)的一段话作为开场:

> 每种文化体系都允许特定的幻想驱力以及其他精神表现形式进入意识层面并驻留在那里,为了达到这一点,就需要压抑其他的一些幻想和驱力。这就是为什么一些特定的潜意识冲突会普遍存在于某一文化或相似文化中的全体成员身上(Devereaux, 1974, p. 11)。

我对格拉赫的病人的历史感到震惊，并且这引发了我自己的兴趣。格拉赫将这一案例的历史和一个更宽泛层面的中国男性的俄狄浦斯情结与阉割焦虑联系在一起，并且提出中国男性与父亲以及权威形象的关系。这毫无疑问是一个重要的维度，但我的兴趣在于早期环境供给，还有它的干扰或中断带来的效果。我在思考是否可能存在早期的波折和困难。

格拉赫的病人有一个大他两岁的姐姐，他出生在20世纪70年代中后期。在他生命的头五年里，他的妈妈细心地照料着他，也许有些"过度照料"、过度占有了。即使在当下，这个病人仍然感到和母亲有相互的亲近感和吸引力。

这个病人5—10岁时和他的祖父母在一起，之后又回到父母身边，然后在19岁去了中国东部的一个城市上大学。

在这个案例里，这个男孩和母亲的一段，或者说两段亲密的关系被拿走了五年，然后又还了回来。我们并不知道具体的情景，但这段经历很可能产生了某种影响。

在这些案例里，作为常见的情景，替代的家长照料是由祖父母提供的，我们完全不知道真实的养育质量如何。但是，在每个临床学家所描述的案例中，儿童都在幼年和他们的母亲，之后又是祖母（父亲和祖父呢？）在地理上分离，只有在多年之后才能重聚。如何理解这些分离？故事中的每个主人公是怎么生活下去的？这些带来了什么影响？在第二个案例里，那个男士的问题明显与父亲有关，而在第一段材料里那些女性的愤怒是朝向她们的母亲的，但分析师描述她们的"不知足"指向所有与她们亲近的人。对我而言，这体现出作为婴儿，出于各种原因他们没有得到足够的照料，而是一种有缺乏的、从早期即存在的被剥夺感或贫瘠感。我们不了解情况和特定的处境，但在所有这些养育里，不论好坏，都存在着中断的干扰。作为一个女孩的议题是一个进一步的性别因素，对斯奈德的病人来说非常重要，在更长的治疗中需要被重视、被探讨。

关于大人这部分，需要继续提出以供思考的问题包括：

就算把孩子留下来是计划好了的、被鼓励的，但这意味着什么，这会影响孩子的母亲和她自己母亲的关系吗？

如果有影响，是什么？什么方式的影响？

病人想念他们的祖母。祖母也同样想念他们。祖母们在最初是否有选择？她们对孩子回到父母那里又有什么反应？

一旦情感的话题进入这些丧失的领域，需要探索的议题就变得很多了。对于那些在自己的生活中经历了重大损伤的祖父母，要照料一个孩子而未来却要丧失掉他，那会产生什么样的反应。我想这些祖父母是有爱意的，但是如果成人自己的生活里有困难的创伤的话，这可能会导致他们之后在照料孩子时出现恶劣地对待孩子的情况。在精神分析治疗中，所有这些情况都有可能被提及、被打开，需要去面对，但是也有可能不会……

在中国，独生子女政策是一个非常重要的政策，它的长期影响还需要时间观察。思考在这个政策影响下祖父母的角色是很有价值的。

二、来自英国的数据

我们再来看一下英国的情况。

调查显示，有四分之三的成人将会成为祖父母，当前，成为祖父母的平均年龄为 54 岁（Dench & Ogg, 2002），因此大部分英国人生命中的三分之一时间是祖父母（我想大概中国也是这种情况）。

由于西方工业化社会的生育率降低，以及人口老化现象，家庭网络从宽广的 / 横向的逐渐转为狭窄的 / 纵向的结构，导致祖父母的角色逐渐变重，这也引发了争议（Hagestad, 2000）。

在英国，很多对祖父母养育后代的系统化的心理学以及社会学研究表明，祖父母的养育总体而言是有积极作用的（Smith & Drew, 2002）。但是他们中的大部分并不直接和孙辈生活在一起，他们的角色总的来说是帮助者，而不是家庭的领导。

大部分英国的祖父母和孙辈会定期相互看望。一个 1998 年的调查发现，大约 30% 的祖父母报告说一周会见自己的孙辈若干次；不过也有 32% 的祖父母说见孙辈的频率一个月不到一次（Dench & Ogg，2002）。他们的关系通常（不过也不是一直没有变化的）是亲密的，而不是有冲突的。我可以从我自己的人际网络中，以及我的病人那里确认这一点。英国社会态度调查发现，五分之一的祖父母一周中会有一次或更多次照看孙辈；孩子的年龄大部分在 5—12 岁（放学后或在假期照料一下）。对于学龄前的孩子，如果母亲做兼职工作的话，祖父母参与照料的时间比全职母亲的情况更多一些（Dench & Ogg，2002）。

照料孙辈会在随后带来亲密的祖父母/孙辈的关系。

地理距离的因素是影响联络的重要因素，其次是家长—上一辈的关系质量。86% 的祖父母和孙辈保持规律的电话联络（老龄化项目，1998），4% 是通过网络或电子邮件——这个比例在急剧增加。这些情况在中国是否也很显著呢？

伯努瓦与帕克（Benoit and Parker，1994）发现三代人的安全型依恋有 65% 的相关性：使用的测试工具是外婆和妈妈的成人依恋访谈（Adult Attachment Interview，简称 AAI）状态和婴儿在 12 个月时的陌生情境分类。

依恋理论强调了代际之间的连续性，但也提出成人可以修通或解决他们与自己父母不满意的关系，调整他们的内在工作模型，这可以通过自己的反思做到，也可以寻求心理治疗或咨询的帮助来完成。

很多第二次世界大战的大屠杀幸存者（现在已经是祖父母）在成人依恋访谈上的分类都是未解决型，这是由于他们在童年时创伤性地失去了自己的父母导致的。但是他们的子女较少被分类为未解决，而他们的孙辈在依恋类型上已经和其他的大众没有什么区分了（Sagi-Schwartz et al.，2003）。

另一些研究探索了一些更加普遍的品质，比如温暖、自主性、抑郁或攻击性的传递。对儿童反社会行为的研究同样指出了代际的影响。祖父母/父母那一代使用身体攻击、惩罚手段可以预测在父母/孙辈的这一代出现同样的行为，还能预测孙辈的反社会行为（Farrington，1993；Murphy-Cowan & Stringer，1999）。卡斯皮和埃尔德（Caspi and Elder，1988）在他们对女性开展的伯克利指导研究中发现，问题行为和家庭的不稳定联结之间存在相互强化的动力，并且会跨越四代人。

杰塞尔等人（Jessel，2004）与伦敦东区的孟加拉裔的家庭工作，他们发现了祖父母和孙辈之间协同学习和互动的例子，祖母会帮助孙辈学习孟加拉的语言和传统，而孙辈则帮助祖母学习如何使用电脑。

以下这些问题是我们可以继续探讨的：

联络，以及意外丧失与孙辈的联络会产生哪些后果？

如何看待祖父母的角色，以及祖父母自己是如何看待这个角色的？

关于祖父母帮助照料学前儿童，有没有更多启示？

第十五章

育儿：一个代际视角

育儿是照料儿童从完全依赖走向独立的历程。它会影响认同感，即生命周期里我们对自己的感受，它不仅是下一代人身体健康的根本，也是心理健康的根本。从发展的角度来看，它是大部分人在成年期都会有的体验。它的体验是什么样的，有哪些因素引发、创造出了养育体验，这些是我在本章希望涉及的议题。这个养育状态在许多层面都会产生影响，但现在的共通假设是，它会给所有涉及者带来深刻的心理结果。

一、关于育儿的普遍观点

目前最常见的育儿安排是亲生父母分享一个物理空间，并且都参与到一种特定的家庭版本里，他们以有重叠但又有区别的方式做出贡献——聚焦于孩童的情感和身体护理，同时也专注于他们自己的关系。然而，我们知道，这是在最好的状况下，基于社会、历史和经济的条件，对个人真实情况的一种接近。这个限制性条件引出了许多议题，首先要牢记，任何关于育儿的讨论都需要结合历史和社会背景；其次，和我现在的话题更加直接相关的是，我们养育孩子并作为家庭成员生活在其中的外部框架在内部和心理上是如何被体验的，特别是当日常现实往往不符合预期、不符合被接受的规范和欲望时。也许最为常见的破坏家庭生活和联合育儿念头的主要事件是离婚，在这种情况下，对于作为成年人的父母，家庭提供的在共享空间里共同生活的状态已经崩溃了，这个问题的解决办法总会对他们的孩子产生影响。稍后我会简短地回到这个话题上。

如果有更多的时间进行更详细的考察，可以讨论所有这些不同的生活与存在之间的链接，从外部和内部世界之间的根本区别开始，并加上由英国精神分析学家温尼科特提出并强调的重要概念，即中间世界和过渡现象的世界。

弗洛伊德的主要发现在面对全体文化以及全部时代时的适用性也值得考虑。毕竟，精神分析发展自一个特定的社会历史结构，即 19 世纪后期的维也纳，然而弗洛伊德所确定和理论化的动力已经得到了普及。这是一个为自己发声的舞台。

父母育儿的形态从传统上来说位于家庭中，但家庭本身是一个非常有弹性的制度，在不同的社会和不同的时代能看到各种形式的组成。现代的倾向是建立两位家长和孩子组成的核心家庭，但许多其他的形式也同时存在，大家庭一直都很重要，它的意义在现代也有了转型。最近，一方面是对老龄成员的照料与责任，另一方面则是儿童的权利。要承认，在关于什么构成了"家庭"，父母如何进行育儿、由谁来开展，要求（以及渴望）家庭中的私人区域，和这个家庭由法律、社会政策、社会规范所塑造的公共领域之间的关系等的主流思想之内，总会存在着各种不同的家庭形式，这一点越来越需要被注意到。此外，同性关系与育儿所提供的新家庭形式，生殖技术和接受精子捐赠也在法律、社会和情感层面带来了新的挑战。它们的影响也对精神分析模型带来了挑战。

讨论家庭和育儿涉及我们的社会基础和它对私人领域进行规范的形式，所以当我说育儿的时候，我讲的是每个社会都有的在自己的社会文化和历史印记下的一种普遍现象。重要的是，这个家庭包含代际、社会性别、生理性别的分隔，还包含它们如何意识或潜意识地化作生活，这些都是养育的核心，因为家长也是男人和女人，有着属于他们自己的，对自己、家庭以及子女的愿望和渴望。他们作为男人和女人的存在同样是他们作为家长身份认同的核心部分。全体家庭成员如何体验不同家庭成员的需要也是养育中的核心议题，因此在不同时期，谁的需要要得到保障可能会变成育儿过程中最困难的方面之一。

二、育儿的精神分析议题

我们会和帮助我们延续熟悉经历的人形成亲密的关系，这主要是在潜意识的层面上完成的。在成年时期创立的家庭是这些过程会被激活的最为经典的领域。

家庭关系中人们主要的情感议题包括：爱意、恨意、亲密感、亲近与距离、控制和丧失。

我不是中国及其家庭或社会结构的专家，但如果注意到外在因素，我也坚信需要对此加以注意，在每个社会中，一系列真实历史事件会持续地在家长和将要成为家长的人的心理上发挥作用。中国最明显的外部因素是独生子女政策、成为父母和谋生的要求，以及父母和子女经常出现地域分离，需要和祖父母建立联系。除了现在已经修改了的独生子女政策，其他情况都不只是当代中国的特例。

更普遍地说，不管孩子是残疾的、重病的、混血的、从极端不利的被剥夺的境况下领养的，还是被虐待的，都会有一些特定的问题，每种情况都会对所有家庭成员产生特定的心理影响。除了关注这些心理影响本身外，还需要关注它们所点亮的那些由其引发的不同心理构成以及冲突。我们也需要区分亲生父母和那些正式或非正式地履行了父母角色的人。

这样的社会学观察如何被翻译成心理学术语，它们在不同的文化和历史上是否是一致的？

除了真实的人在现实的育儿情景中的实际情况外，精神分析式的问题是，我们如何理解一个人的内部世界对这个角色的影响，我们如何理解男人和女人作为家长接触自己以及他们周围的世界时的潜意识框架，还有这将对他们和他们的孩子带来什么样的影响。孩子所代表的某些家长过去的重要人物，以及过去某人特征（"内部客体"）的投射和归因的实现形式可能会导致儿童无法被视为他自己。"他就是这样、那样"的说法会对孩子造成影响。如果孩子被当成一些重要他人的"重新化身"，那么真正的他们又在哪里呢？这些是在家庭关系中活现出来的、对所有成员都会产生后果的相关问题。

关于育儿，首先以及最重要的是，这涉及成人和儿童，涉及他们的福祉，以及他们如何被思考和对待。当今这个时代已经越来越关注爱了。对于成年人来说，这意味着需要以出生时完全无助、完全依赖的婴儿的初始状态来考虑孩子的身体、情感、智力和社会需求。从心理上讲，我们提供一个稳定和培育的环境，一个安全基础，对孩子的理解和期望符合其年龄阶段，有能力开始、跟随和享受以儿童为中心的活动（玩耍），避免一切形式的虐待和忽视安全的环境。但是，实现通过法律、习俗和价值观所设定的家长的形象、对家长的期望可能是非常艰巨的，因为父母会将他们自己带入育儿的任务和角色中，这可能会有助于或阻碍他们履行这些任务。父母通常被认为是提供指导、方向、建议、舒适和培育的角色榜样，有意识和潜意识地传授价值观。这对于某些人在某些时候可能是巨大的压力，对某些人可能一直都会是巨大的压力，这些人由于某种原因，通常与他们自己的童年有关，无法胜任这一任务。

家长—儿童关系涉及以下这些方面。

联结：在持续一生的过程中，家长与他们的后代建立的持久的关联。（随着子女长大，日益增长的自主性不必然排斥紧密的客体纽带。）

依恋：儿童与家长（主要照料者）之间独特的情感关系，可以确保儿童感到安全，实现最佳发展。

自体客体转化：这个维度是对另一位功能和自体有关的人的体验，支持着脆弱的自体，它是健康自体的适当媒介，像生命所必需的氧气。内化会持续进行，以及随后会有边界的分化，如果出问题可能会损害联结和依恋。

影响是多样的。如果严重的情绪忽视发生在幼年早期，影响可能是毁灭性的。没有触摸、刺激和培育的孩子可能会丧失在后续的生活中形成任何有意义的关系的能力。数以百万计儿童的联结和依恋在幼年早期有一定程度的受损。结果是从轻度的人际不适到严重的社会和情感问题。一般来说，问题的严重程度与情感忽视发生在生命的哪个时期、持续的时间长短和严重程度有关。

最重要的是，男女双方会把自己作为孩子的经验、自己被养育的经验以及与一个同胞、多个兄弟姐妹或独生子女的经验带进育儿过程里，所有这些经验都被潜意识与意识记下来，构成他们自己历史的一部分。从精神分析的角度讲，我们的理解是这创造了他们的内在世界，一个充满期待、愿望、感觉、幻想与恐惧的"客体关系"的世界。这些"内在客体"和自体相关，并构成了自体。家长倾向于重新活现和重新创造他们曾经历的养育，不过也会带入他们曾经"希望"过的养育，这些潜意识的愿望会发展起来，将他们自己的孩子创造成他们自己曾经的样子，或者曾经希望的样子。在唤起过去的这个方面，可能创造出的是一个渴望的经验，但也可能是一个恐惧的经验，有时候会有相反的表现。在家庭关系中具现化的自体–客体关系的戏剧涉及感觉体验的重复，其中孩子可能会代表家长自己的潜意识自体的一部分——被爱或被讨厌的部分。育儿包含家长自己的过去，因为育儿过程已经被他们自己被养育和作为孩子的经验塑造了。

一个孩子对家长而言代表了谁或代表着什么，这涉及一系列潜意识的愿望，我们可以探索这一系列的愿望是如何被动员起来的，以便促进而不是妨碍孩子作为一个独立个体的发展。

我们每个人都创造了一个内在的剧场，"角色"之间排练、演出着种种戏剧，这些戏剧充满了饱含激情的情感、愿望和恐惧。他们遵循着我们性格形成时期潜意识构建的内部脚本，随着时间的推移，在与他人的互动中受到持续的内部过程的影响而被塑造。它们可能是灵活的或僵化的，但是在这些内部脚本中，我们潜意识地操纵别人成为我们内部戏剧中的人物，并且试图以这种方式与他人在外界实现我们的内部戏剧。模式通过这些内部情景得到了重复和加强。

也许这就是精神分析在理解家长的社会和文化需求方面能够做出贡献的独特领域，即关注每个家长如何潜意识地被他自己的父母和家庭结构所塑造。在精神分析里，我们对每个家长的历史感兴趣，因为是这些历史造就了他们自己的内在世界，他们充满了期待、愿望、感受、幻想和恐惧的"客体关系"。每个成年人带入家长角色的核心就是以上这些。

一些精神分析的维度可以被识别出来：

"心中的家庭"作为关系的内在模板，通过经验和潜意识过程（愿望、恐惧、幻想）得到展现。

家庭中的几何结构：配偶、三角、四边形等。

谁和谁是配偶？

在当下被唤起的过去的关系：爱与恨的情感，竞争和排斥，柔情和获胜，失望和满足。

三、育儿中的性别以及性欲议题

母性的功能（Maternal Function）被认为是为孩子提供情感和身体的照料，从婴儿期开始一直到童年期。这基于首要的养育者适应每个孩子的特异性的能力，这样他们的个体性——他们的"真实自体"才能够蓬勃发展。在发展方面，这包括母亲/照料者帮助婴儿"去除幻觉"（disillusioning），使初始的极端亲近的状态让位于更加分离的"自体"和"他人"的感觉，让孩子成为更广泛的家庭和社会中的一员。我们已经意识到，这个功能不一定要由实际的母亲来执行。

父性的功能（Paternal function）使母亲和宝宝能够建立"自体"和"他人"之间的分离。它代表母亲对另外的那位不是宝宝的人的渴望。这也不一定要由实际的父亲来执行。

男性气质和女性气质坐落于两种性别中，属于家长双方，属于所有的儿童，它们在童年期便已存在，但直到青春期才会出现明显的区别。

在早期并且直到 1925 年，弗洛伊德提出的是男孩和女孩平行发展的概念，并且以男孩为模板；但在 1925 年以后，男孩和女孩非对称发展的概念更加清晰了；在解剖学上，男女是两个相对但平等的性别，但心理学与生物学不相符，主动和被动不是被绝对分配到两性两边的，不同性别得到了区别对待。

弗洛伊德通过他自己的自我分析以及他非常单纯地觉察到了自己对母亲的爱和对父亲的恨，还有通过临床工作，他做出了俄狄浦斯情结的假设。他从 19 世纪 90 年代的性诱理论到潜意识幻想概念的理论发展，将俄狄浦斯情结视为超越历史和文化的现象，即它是一个普遍的象征性结构，意味着儿童在三角结构中的位置。弗洛伊德讨论的是男孩，但他逐渐认识到女孩和男孩有不同的历史背景，因为她们与第一个爱的客体——母亲所开启的关系是不一样的。对这第一段关系的关注导致了精神分析对于前俄狄浦斯时期及其延伸阶段对女孩的重要性越来越感兴趣，因为对她们而言，俄狄浦斯情结意味着爱的客体的变化，所以这又涉及另一个心理过程，在男孩和女孩之间不存在心理上的对称性。

俄狄浦斯情结是儿童对家长体验中爱意和敌对愿望的组合体，它有着正向和反向两种形式。

> 正向的形式涉及指向同性家长竞争者的死亡欲望和指向异性家长的性欲。

> 反向形式涉及指向同性家长的爱意，以及对异性家长的嫉妒与恨意。

这两个版本都会以不同的程度体现在每个人身上。

最初，两个版本下的孩子都喜欢母亲，分享男性和女性的态度，认同和依恋位于前俄狄浦斯阶段，均蕴含俄狄浦斯情结的正向和反向的版本。

这两个版本的婴儿都爱着母亲，但在父亲的介入下放弃了她。最初有一个双重的二元关系，父亲介入并防止两个版本下的孩子对于第一个爱的客体的乱伦欲望。父亲拥有母亲。在理想的情况下，男孩通过学会接受自己的阳具力量（phallic power）是弱小的，明白自己以后会享有同样的男性权利，拥有自己的女人。女孩了解到她没有阳具的力量，无法占有她的母亲，在以后也不能替代性地占有另一个，她必须接受她就像她的母亲，没有阴茎，但有能力拥有婴儿。

俄狄浦斯情结的破灭是种族对个体的胜利，文化占了上风，乱伦的性欲受到压制，但是，乱伦的愿望总是潜意识地存在于所有家庭成员的心中。婴儿必须要坚定地认识到他/她不能成为母亲欲望的对象。孩子必须逐渐接受他们在代际中的位置，等待成年期才可以激活这些愿望。

这个渴望的组合意味着母亲和父亲双方在育儿的动机方面总是存在潜意识的因素。它们包括：

早期认同：正向和反向的愿望，躯体感觉在心灵上的表征会随着发展得到展开。

对于女孩，涉及躯体自我（body ego）以及躯体边界、内部空间的问题。

做父亲的俄狄浦斯式宝宝的幻想。

做母亲的前俄狄浦斯以及俄狄浦斯式宝宝的幻想。

女性心理中生育的位置。

还包括俄狄浦斯后的发展：青春期、成年期。升华的能力。

在男孩的发展中，对"成为父亲的潜意识动机"起贡献作用的方面则包括：对母亲的早期正向和反向认同，体现为对怀孕的幻想——"乳房宝宝"以及"肛门宝宝"；反向的同性恋愿望/与父亲的认同以及与母亲的女性身份认同，子宫嫉妒，焦虑和防御，和母亲有宝宝的俄狄浦斯愿望，移向对父亲的认同并且产生"当父亲"的潜意识幻想。在反向俄狄浦斯情境里幻想生下父亲的孩子。俄狄浦斯期之后的发展主要体现在青春期/成年期以及升华的能力上。

这些人类动力关系存在于所有的家庭和各种形式的养育中，所有的家长每天会与它们打交道。围绕着代际和性别组织起来的家庭三角关系从孩子出生起就会带来发展性的影响。

家长的性质、儿童在家庭中的位置，以及所有其他的因素，都会对模式产生影响，并且扰动被称为经典俄狄浦斯情结的图景（Winnicott, 1986, p. 185）。

性欲根植于精神和躯体之中，植根于身体和心智之中，它被家族、个人以及社会关系所塑造，被我们与自己及他人相遇的这个环境所塑造；如果一切顺利，我们会在世界中找到一个位置，同时也能在内心感到可以安然地与自己待在一起，如同在家里。

温尼科特的这个理论几乎总是以具体案例或例子为基础，我从"女性主义"（This feminism，1964）中选出了两个例子，这篇晚期的论文可以在合集《家是我们出发的地方》（Home is where we start from，1986）中找到。

温尼科特询问：

> 若一个男孩爱自己的父亲，但是他的父亲由于自己被压抑的同性恋倾向，在面对儿子的靠近时感到害羞、无法回应，那这个男孩会怎样……要是这个男孩由于感到缺乏父爱，而且无法充分地恨他，从而导致这个男孩自身的异性恋倾向被限制，那又会发生什么？

另一个例子如下：

> 若一个男孩在家庭中的四个男孩里排行老三，接收到了他父母希望要个女孩的全部愿望，因此不论他的父母多么努力地去隐藏他们的失望，他都变得要去符合他们指定的角色，那这个男孩又会怎么样？（p. 185）

这两个例子以及许多类似的例子都将弗洛伊德和温尼科特的理论植根于这样一种环境中，即环境永远不仅仅是外在的，永远不可能少了精神层面的成分，而这些精神成分又被驱力以及人生带来的并发状况所塑造。将生物性别和性欲连在一起，构成了我们生命存在的基石。每种情况都展现出，自从我们最早的相遇体验起，任何年龄都需要去处理的外在与内在世界以及它们持续的交集之中产生的持续的冲突。

这两个例子通过呈现日常经验当中的性欲，以及阐明性欲对于儿童的重要性而引出了临床上的议题，但是它们也同样呈现出和家长的关系以及他们在潜意识中和自身性欲的关系在形成儿童的性冲动方面的重要性，还有最初作为儿童，然后在孩子成为成年人后如何在幻想和现实层面去体验、处理上述因素并且与其共存方面的重要性。

四、育儿中的代际问题和祖父母的议题

家庭总是涉及这两个维度，不管实际的家庭成员是在场的或已知的，还是从未见过或遇到的。家庭永远是代际家庭，包括家长的家长（祖父母），这永远都是社会现象以及心理的现象。

代际的困难一次又一次地发生在家长之间、家长和祖父母之间。围绕着"谁属于谁"，有竞争、吃醋、嫉妒和紧张的危险。对于那些仍然与自己的父母保持情感依赖、没有自主性的家长，他们不太可能以分开的方式与自己的孩子建立关联，但是温暖、合作的育儿方式可以帮助打破困难的代际循环，这样婴儿就能为家长带去新的机会，让他们学习什么是关爱和温柔。

对于祖父母来说，这可能是一个新的与自己的子女重新建立联结的机会。一个新生的宝宝也可以是来自父母的礼物，一个表达爱意的新机会：一个内在和外在的机会，以弥补过去的错误。宝宝带来新的机会教育伴侣如何关爱和温柔。

祖父母也可以有育儿的任务，但往往有更多的自由。

五、在离婚的背景下做家长工作

家长和孩子相互带来的意识与潜意识的心理需要、愿望和期待的整体模式在离婚的影响及其多重的涟漪效应下被深刻地改变了。

当家长的联结被打破时，一系列的激情，包括暴怒、性嫉妒和抑郁，可能并且也会泄露到家庭的全部领域里。

这些激情，可能导致不受控制的行为，包括以前受到严格管理甚至限制的对人的暴力行为，这样的激情有力量修改、扭曲甚至完全破坏曾经存在的亲子关系。

一个直接的后果就是儿童焦虑的爆发，带来的结果是高度警觉地留意每个家长的举动，这可以持续数年的时间。孩子焦虑驱动的反应对亲子关系潜在的动荡变化有着显著贡献（Wallerstein，1985）。沃勒斯坦提示，需要注意家长态度上反映出家长在意识或潜意识层面想要放弃孩子的愿望的两种对立趋势。

第一，在这个时间点上，成年人的神奇愿望，不仅仅是为了解散婚姻，而且也是为了将其从历史中抹除。每个成年人都想收回浪费掉的岁月。孩子经常代表一个过于真实的提示，说明失败的婚姻和未来的沉重责任。家长能力的衰减暗示着家长和孩子的愤怒会越来越大、纪律问题会越来越严重，并且家庭困难会越来越多，身体和情感的照料在孩子生活的各个领域都变得不稳定，这些都反映了家长强烈的矛盾心理，以及他们所面对的真切的负担和困难的决定。

第二，倒转了离开孩子的愿望，以及经常与其共存的家长的怨恨，家长产生了对孩子的热切的依恋和依赖。这种对孩子的依赖往往是由于成人无法分辨出这些需要和愿望属于他/她自己，而将其归因到孩子的身上。离婚后，父母经常发现他们需要一个孩子，来填补他们的空虚，消除抑郁，给予他们生命的目的以及给他们继续下去的勇气。有意识地或潜意识地，家长可能转向孩子来寻求帮助，作为替代的配偶、知己、顾问、同胞、家长、照顾者、爱人、婚姻战争中的盟友，或作为延伸的良知及自我控制（ego control）。

离婚时的孩子有非凡的能力来恢复家长动摇的自我形象。

做家长一点也不容易。作为临床工作者，我们必须记住以下几点。

所有家长都有优势。

所有家长都有矛盾的感觉。

育儿是一个以尝试和犯错为基础的过程。

没有批评审判的位置，但是为了在事情进展得不顺利时提供帮助，需要使用自己的判断力。